华中艺术

高职高专艺术学门类
“十三五”规划教材

装饰施工图深化设计

主　编　刘雁宁

副主编　王　艳　彭　军　顾正云
　　　　郑　阳　何　阳

参　编　徐丽华　汪仁斌

A R T D E S I G N

华中科技大学出版社

http://www.hustp.com

中国·武汉

内 容 简 介

本书介绍了 AutoCAD 的基础知识。本书采用项目案例的编写形式，将绘图基础知识和设计绘图知识相结合，详细介绍了室内施工图绘制的基本方法及各类空间设计方案的施工图绘制方法，并把一部分装饰设计基础知识贯穿其中。全书由易到难，知识点环环相扣，在内容上分为基础知识、实践练习和提高能力三个层次，形成一个操作、设计的综合教学体系，使读者在装饰施工图深化设计的过程中不断积累经验和技巧，提高实践操作能力。

本书符合室内设计行业对应用型人才的培养要求，可作为高等职业院校及社会培训机构相关专业的教材使用。

图书在版编目(CIP)数据

装饰施工图深化设计/刘雁宁主编. —武汉：华中科技大学出版社，2019.1 (2022.8 重印)
高职高专艺术学门类“十三五”规划教材
ISBN 978-7-5680-4973-3

Ⅰ.①装… Ⅱ.①刘… Ⅲ.①建筑装饰-工程施工-建筑制图-高等职业教育-教材 Ⅳ.①TU767

中国版本图书馆 CIP 数据核字(2019)第 012468 号

装饰施工图深化设计 刘雁宁 主编
Zhuangshi Shigongtu Shenhua Sheji

策划编辑：彭中军
责任编辑：彭中军
封面设计：优 优
责任监印：朱 玢
出版发行：华中科技大学出版社(中国·武汉) 电话：(027)81321913
武汉市东湖新技术开发区华工科技园 邮编：430223
录 排：华中科技大学惠友文印中心
印 刷：武汉科源印刷设计有限公司
开 本：880mm×1230mm 1/16
印 张：6.5 插页：16
字 数：220 千字
版 次：2022 年 8 月第 1 版第 6 次印刷
定 价：49.00 元

前言

QIANYAN

本书是室内设计专业、环境艺术设计专业、装饰工程技术专业主干课 AutoCAD 的后续综合性、理论与实践一体化教学指导教材，主要包括基础理论篇、实践应用篇和附录等内容，还带有部分电子资源内容。本书融合了三大专业设置的相关课程内容，结合实际工作岗位与就业方向，以实际案例设置教学环节，并强调与其他课程（“建筑装饰构造”“装饰 AutoCAD”“建筑装饰施工技术”“装饰设计”）相关内容知识点的融合应用与衔接，在学生进入顶岗实习的前一个学期，对前期的相关知识技能进行系统性和综合性的梳理。基础理论篇简要介绍了 AutoCAD 的基础知识和室内设计制图的规范及标准。实践应用篇由简到难，介绍了展台施工图、办公空间施工图、居住空间施工图设计，分解了展台施工图的具体操作步骤。本书把理论与实践部分有机结合，重点培养学生由效果图向施工图设计渐进（即深化设计）的能力。本书案例均来源于相关岗位实际完成的工作内容，且每个案例均具有代表性，在工作流程上具有一定的差异性，涉及的工作岗位内容与要求很全面。

与同类书比较本书的特色如下。

(1) 本书施工图部分为 A3 图幅，教师在教学过程中和学生沟通会更加便捷。

(2) 效果图附图以彩图形式呈现，最大限度地还原真实工作环境。

(3) 本书结合工作岗位，要求学生深化设计，即根据效果图绘制部分节点大样，该部分施工图以网络资源的形式（扫书中相关二维码可获取）提供给读者参考。学生可自行设计（由教师把关）。

本书由山西职业技术学院刘雁宁担任主编，山西职业技术学院王艳、彭军，四川文化产业职业学院顾正云、郑阳，武汉民政职业学院何阳担任副主编，山西职业技术学院徐丽华，深圳职业技术学院汪仁斌参编。

本书附配套电子资源，包括 AutoCAD 素材、室内设计施工图纸、案例作品的效果图等。电子资源提供部分常用素材图库，供参考下载。

本书在编写过程中参考了有关文献资料，在此谨向相关作者致以衷心的感谢。由于诸多原因，不能逐一列明，在此深表歉意。

由于编者水平有限，疏漏之处在所难免，敬请各位读者批评指正，以便修订时改正。

编　者

2019 年 1 月

ZHUANGSHI SHIGONGTU SHENHUA SHEJI

MULU

课程标准

一、课程基本信息 ONE

课程基本信息如表 0-1 所示。

表 0-1　课程基本信息

课程名称	装饰施工图深化设计		
授课时间	顶岗实习前一学期	适用专业	装饰工程技术 环境艺术设计 室内设计
课程类型	专业核心课程		
先修课程	“建筑装饰材料”“建筑装饰制图”“装饰 AutoCAD”“建筑与装饰构造”“建筑装饰施工技术”“建筑装饰设计”	后续课程	毕业设计、顶岗实习

二、课程定位 TWO

本课程是装饰工程技术专业的核心专业课程，主要培养学生完成各类单一空间完整装饰施工图文件的绘图和编制能力。通过建筑装饰方案的深化设计，培养正确审核施工图纸的综合业务能力。通过本课程的学习，学生可胜任设计师助理和绘图员的工作。

三、课程设计思路 THREE

本课程采用启发递进式项目化教学方式进行教学。通过本课程的学习，使学生能够综合运用建筑装饰制图与识图、建筑装饰构造与装修、AutoCAD、表现技法等知识。对常见的装饰设计方案进行深化设计，绘制完整的、可指导施工的装饰施工图，从而满足设计师助理和绘图员岗位的能力、知识与素质要求。

四、课程目标 FOUR

（一）能力目标

（1）能独立完成各类项目，各类界面的构造图。

（2）能够独立完成单一空间完整装饰施工图文件的绘图和编制。

（3）能正确审核图纸。

（二）知识目标

（1）了解单一空间装饰施工图的绘制特点。

（2）熟练掌握单一空间装饰施工图的绘制程序和绘制内容。

（3）熟练掌握建筑装饰施工图制图标准。

（4）熟练掌握空间各界面的材料、构造知识，并能进行深化设计。

（三）素质目标

（1）具备一定的感知建筑装饰设计风格的能力和设计创新能力，能自主学习、独立分析问题和解决问题。

（2）具备较强的与客户交流沟通的能力、良好的语言表达能力。

（3）具备严谨的工作态度和团队协作能力、吃苦耐劳的精神，做到爱岗敬业、遵纪守法，自觉遵守职业道德和行业规范。

五、课程内容及要求 FIVE

课程内容及要求如表 0-2 所示。

表 0-2　课程内容及要求

序号	教学内容	能力目标	知识目标	教学方法及手段	学时
1	基础理论部分	熟练操作 AutoCAD 命令	掌握作图规范	图形绘制训练	4
2	展台施工图设计	1. 通过讲解能独立完成展台空间界面的构造图； 2. 能够独立完成单一空间完整装饰施工图文件的绘图和编制； 3. 能正确审核图纸	1. 了解单一空间装饰施工图绘制特点； 2. 熟练掌握单一空间装饰施工图的绘制程序和绘制内容； 3. 熟练掌握建筑装饰施工图制图标准	案例法	16

续表

序号	教学内容	能力目标	知识目标	教学方法及手段	学时
3	办公空间施工图设计	1. 能独立完成办公空间图纸绘制； 2. 能够独立完成组合空间完整装饰施工图文件的绘图和编制	1. 熟练掌握单一空间装饰施工图的绘制程序和绘制内容；熟练掌握建筑装饰施工图制图标准； 2. 熟练掌握空间各界面的材料、构造知识，并能进行深化设计	案例法	40
4	居住空间施工图设计	1.能独立完成居住空间界面的构造图； 2. 能够独立完成单一空间完整装饰施工图文件的绘图和编制	1.掌握手绘量房图的解读及绘制方法； 2. 探索空间组织平面优化设计； 3. 能够解读设计文件，对空间组织、空间装饰设计、材料应用、构造做法正确表达	案例法 分组合作	40

六、课程实施建议 SIX

(一) 教学建议

本课程充分利用教师深度参与的行业特色，结合高职学生的接受能力而设计。

1. 案例法教学

本课程第一实践环节就是做方案设计案例。本环节体现任务驱动、项目导向的教学理念，同时能培养学生查阅资料的能力，发挥学生的主观能动性。

2. 讲座式教学

请行业、企业的专家来校讲座，通过专题讲座，加强学生对行业的认知了解，并就热点问题展开讨论，开展丰富的专业教学活动。

3. 软件应用教学

引进行业软件，要求学生用现代信息化手段完成工作任务，以崭新的面貌赢得工作机会。

多种教学方法运用于不同特点的教学模块。

(1) 启发递进式：实现了由简单、单一至复杂、综合的启发递进式教学。

(2) 头脑风暴：在拓展思维领域，充分地让学生思考，发挥其想象力，碰撞出智慧的火花。

(3) 分组竞赛：分组完成工作任务，开展小组竞赛，比速度，比质量，比成效。

(4) 角色扮演：转换角色，体验方案设计师的工作内容，可对方案做局部调整。

(5) 分组合作式：根据工作过程的特点，在不同的工作任务中实现工学交替、任务驱动、项目导向、课堂与实习地点一体化等教学方式。

（二）考核建议

教学全过程考核方式：平时考核+期末考试+大作业。总成绩为100分。平时考核，包括平时作业、实训项目完成情况与完成质量，占总成绩的20%；期末考试占总成绩的30%；大作业占总成绩的50%，以提交的作品为依据，根据作业的正确性、完整性、规范性、易用性等进行考核。

第一篇 基础理论篇

ZHUANGSHI SHIGONGTU SHENHUA SHEJI

知识目标

能够阅读分析各类平面图，能够熟练应用常用的绘图和编辑命令，并熟记相应快捷键。

技能目标

掌握基本线、圆弧等的绘制操作，掌握文字与表格、尺寸标注、图块使用等命令，能够按照要求绘制任意的二维图形。

重　点

二维图形的绘制与编辑。

难　点

快捷命令的使用。

AutoCAD 室内装饰设计施工图纸是工人在施工中所依据的图样。通常要求比较详细和精确，它应该包括建筑物的外部形状、内部布置、结构构造、材料做法及设备等。施工图具有图纸齐全、表达准确、要求具体等特点，是进行工程施工、编制施工图预算和施工组织的重要依据。

模块一

AutoCAD 基础知识

学习目标

学习软件应用以及 AutoCAD 工作界面。

技能目标

掌握 AutoCAD 绘图前的准备工作。

一、AutoCAD 工作界面　ONE

AutoCAD 为用户提供了“AutoCAD 经典”和“三维建模”两种工作空间模式。

（一）AutoCAD 的经典界面

（1）标题栏。

（2）菜单栏。

（3）工具栏。

(4) 绘图窗口。

(5) 模型和布局选项卡。

(6) 命令行与文本窗口。

(7) 状态行。

(二) 三维建模界面

在 AutoCAD 中,选择“工具”—“工作空间”—“三维建模”命令,或在“工作空间”工具栏的下拉列表框中选择“三维建模”选项,都可以快速切换到“三维建模”工作空间界面。

二、图形文件管理 TWO

AutoCAD 提供了二维绘图和三维建模两种绘图环境,有多种样板供用户选择使用,用户可以根据实际工作需要选择样板。若样板库里现有格式不符合国家制图规范,则可以自行绘制,保存为 *.dwt 样板文件供今后绘图时随时调用,效率很高,方便快捷。

(一) 创建新的图形文件

启动 AutoCAD 后,系统会自动新建一个名为 Drawing1.dwg 的空白文件。

(二) 打开已有的图形文件

启动 AutoCAD 后,可以通过下列方式打开已有的图形文件:在菜单栏中选择“文件”—“打开”命令,或单击标准工具栏中的“打开”按钮,系统打开“选择文件”对话框。在该对话框的“查找范围”下拉列表中选择要打开的图形所在文件夹,选择图形文件,单击“打开”按钮。

(三) 图形文件保存

对图形进行编辑后,要对图形文件进行保存。可以直接保存,也可以更改名称后另存为一个文件。

三、绘图基本设置操作 THREE

通常情况下,AutoCAD 运行之后就可以在其默认环境的设置下绘制图形,但是为了规范绘图,提高绘图的工作效率,用户不但应熟悉命令、系统变量、坐标系统、绘图方法,而且应掌握图形界限、绘图单位格式、图层特性等绘制图形的环境设置。这些功能设置已成为设置人员在绘图之前必不可少的绘图环境预设。

绘图环境是指影响绘图的诸多选项和设置,一般在绘制新图形之前要配置好。对绘图环境合理的设置,是能够准确、快速绘制图形的基本条件和保障。要想提高个人的绘制速度和质量,必须配置一个合理、适合自己工作习惯的绘图环境及相应参数。

要了解几个基本概念,如“坐标系”“模型空间”“图纸空间”“图层”和“图形界限”等,在以后的操作中会经常用到这些。

（一）模型空间和图纸空间

运行 AutoCAD 软件后，在默认情况下，图形窗口底部有一个“模型”选项卡和“布局”选项卡。一般默认状态是模型空间，如果需要转换到图纸空间，只需要单击相应布局的选项卡即可。通过单击选项卡可以方便实现模型空间和图纸空间的切换。

1. 模型空间

模型空间就是平常绘制图形的区域。它具有无限大的图形区域，就好像一张无限放大的绘图纸，可以按照 1 : 1 的比例绘制主要图形，也可以采用大比例来绘制图形的局部详图。

2. 图纸空间

在图纸空间内，可以布置模型选项卡上绘制平面图形或三维图形的多个“快照”，即“视口”。并调用 AutoCAD 自带的所有尺寸图纸和已有的各种图框。一个布局就代表一张虚拟的图纸。这个布局环境就是图纸空间。在布局空间中可以创建并放置多个“视口”，还可以另外添加标注、标题栏或其他几何图形，通过视口来显示模型空间下绘制的图形，每个视口都可以指定比例显示模型空间的图形。

（二）图形界限

“图形界限”可以理解为模型空间中一个看不见的矩形框，在二维平面内表示能绘图的区域范围，命令：“Limits”。

（三）设置单位和角度

在 AutoCAD 中可以按照 1 : 1 的比例绘制主要图形，需要在绘制图形之前选择正确的单位。一般在室内与家具行业，精确到 1 毫米。

（四）坐标系

AutoCAD 系统为这个三维空间提供了一个绝对的坐标系，称为世界坐标系（WCS），还有一个用户坐标系（UCS）。前者存在于任何一个图形之中，并且不可更改，后者通过修改坐标系的原点和方向，可将世界坐标系转换为用户坐标系。

1. 世界坐标系（WCS）

AutoCAD 系统为用户提供了一个绝对的坐标系，即世界坐标系（WCS）。通常，AutoCAD 构造新图形时将自动使用 WCS。虽然 WCS 不可更改，但可以从任意角度、任意方向观察或旋转。

2. 用户坐标系（UCS）

UCS 是可以移动和旋转的坐标系。通常通过修改世界坐标系的原点和方向，把世界坐标系转换为用户坐标系。实际上所有的坐标输入都使用了当前的 UCS，或者说，只要是用户正在使用的坐标系，都可以称为用户坐标系。

（五）坐标的输入

1. 直角坐标系中绝对坐标和相对坐标的输入

（1）绝对坐标表示的是一个固定点的位置，绝对坐标以原点（0，0，0）为基点来定义其他点的位置，输入某点的坐标值时，需要指示沿 X、Y、Z 轴相对于原点的距离及方向（以正负表示）。

（2）相对坐标是以上一次输入的坐标为坐标参照点来定义某个点的位置，相对坐标比绝对坐标在坐标前多了一个“@”符号。表示方法：@△x，△y，△x 和△y 分别表示后一点相对前一点在 X 和 Y 方向的增量。

2. 极坐标的输入

（1）绝对极坐标以相对于坐标原点的距离和角度来定位其他点的位置，距离与角度之间用“<”分开，如 20<30，表示某点到原点的距离为 20 个单位，与 X 轴正半轴的夹角为 30°。

（2）相对极坐标是以上一操作点为原点，用距离和角度来表示某点的位置，表示方法：@20<30。

（六）绘图区域背景颜色的定义

AutoCAD 系统默认的绘图窗口颜色为黑色，用户可以根据习惯将窗口颜色和命令行的字体进行重新设置。主菜单：工具—选项对话框—显示—颜色—图形窗口颜色—二维模型空间—统一背景—颜色。

（七）拾取框和十字光标

屏幕上的光标将随着鼠标的移动而移动。在绘图区域内使用光标选择点或头像。坐标的形状随着执行的操作和光标的移动位置不同而变化。

（八）图层

在使用图层绘图时，它的意义就相当于不同的图层，就是几张透明纸，分别绘出一张图纸的不同部分，不同的图层可以设置不同的线宽、线型和颜色，也可以把尺寸标注、文字注释等设置到单独的图层以便编辑。然后将所有透明的纸叠在一起，看出整体效果。每个图层可以锁定，也可以隐藏。使用图层绘制图形，可以使工作更加便捷，图形更易于绘制和编辑，因此设置图层也是绘图之前必须要做的前期准备工作。

知识拓展

AutoCAD 样板文件是扩展名为 *.dwt 的文件，通常包括一些通用图形对象，如图幅框和标题栏等，还有一些与绘图相关的标准或通用设置，如图层、文字标注样式及尺寸标注样式的设置等。

通过样板创建新图形，可以避免一些重复性操作。不仅能够提高绘图效率，而且保证了各个图形的模板一致性。

当用户基于某一样板文件绘制新图形并以.dwg 格式（AutoCAD 图形文件格式）保存后，所绘制图形对原样板文件没有影响。

上机综合训练

参照附录中的图框图形，绘制文件名为“A3 图框.dwt”的样板文件，供后续作图使用。

模块二

AutoCAD基本操作

学习目标

了解 AutoCAD 软件的平面绘图和图形编辑命令，利用基本命令绘制和编辑各种复杂图形。

技能目标

能够熟练应用 AutoCAD 软件的常用的平面绘图命令进行绘图，利用修改命令进行图形的编辑。

一、绘制二维图形 ONE

本部分重点训练室内与家具设计人员必须掌握的基本绘图技能。本部分要求绘制直线对象，如线段、射线、构造线；绘制矩形和等边多边形；绘制曲线对象，如绘制圆、圆环、圆弧及椭圆弧；设置点的样式并绘制点对象。一般绘图快捷命令如表 1-1 所示。

表 1-1　平面绘图快捷命令

序号	命令说明	快捷键	序号	命令说明	快捷键
1	直线	L	9	射线	RAY
2	构造线	XL	10	多段线	PL
3	多线	ML	11	正多边形	POL
4	矩形	REC	12	圆形	C
5	圆弧	A	13	椭圆	EL
6	单点	PO	14	图案填充	H
7	定距等分	ME	15	定数等分	DIV
8	圆环	DO			

（一）绘制点

在 AutoCAD 中，点对象可以作为捕捉或者偏移对象的节点或参考点。可以通过单点、多点、定数等分、定距等分四种方式创建点对象。在创建点对象之前，可以根据实际需求设置点的样式和大小。

1. 设置点的样式与大小

选择“格式”—“点样式”命令，即执行 DDPTYPE 命令，AutoCAD 弹出“点样式”对话框，用户可通过该对话框选择需要的点样式。

2. 绘制单点

执行 POINT 命令或直接输入。快捷命令:"PO"。

3. 绘制多点

绘制多点就是在输入命令后,能一次绘制多个点。

4. 绘制定数等分点

绘制定数等分点指将点对象沿对象的长度或周长等间隔排列。

5. 绘制定距等分点

绘制定距等分点是指将点对象在绘制的对象上按照指定的间隔放置。

(二) 绘制线

1. 绘制直线

根据指定的端点绘制一系列的直线段,快捷命令:"L"。

2. 绘制构造线

绘制沿两个方向无限长的直线,构造线一般用作辅助线,快捷命令:"XL"。

3. 绘制多段线

多段线是由直线段、圆弧段构成,且可以有宽度的图形对象,快捷命令:"PL"。

(三) 绘制正多边形

用于绘制正多边形,快捷命令:"POL"。

(四) 绘制矩形

根据指定的尺寸或条件绘制矩形,快捷命令:"REC"。

(五) 绘制圆弧

AutoCAD 提供了多种绘制圆弧的方法,快捷命令:"A"。

(六) 绘制圆形

快捷命令:"C"。

(七) 绘制圆环

圆环是进行填充了的环形,即带有宽度的闭合多段线。创建圆环,要指定它的内外直径和圆心。通过指定不同的中心点,可以继续创建相同大小的多个圆环。要想创建实体填充圆,将内径值指定为 0 即可。快捷命令:"DO"。

(八) 图案填充

用指定的图案填充指定的区域。命令:BHATCH。快捷命令:"H"。

二、编辑图形命令列表 TWO

图形绘制出来后，需要进行编辑，利用编辑命令可以省时省力地完成绘图，如表 1-2 所示。

表 1-2　图形编辑快捷命令列表

序号	命令说明	快捷键	序号	命令说明	快捷键
1	删除	E	9	复制	CO(CP)
2	镜像	MI	10	偏移	O
3	阵列	AR	11	移动	M
4	旋转	RO	12	缩放	SC
5	拉伸	S	13	修剪	TR
6	延伸	EX	14	打断	BR
7	倒角	CHA	15	分解	X
8	圆角	F	16		

（一）选择方式

1. 逐个选择对象

使用拾取框光标，单击可以选择对象。

2. 选择多个对象

通过指定矩形窗口选择对象。

(1) 窗口选择：从左向右拖动光标，包含于窗口中的对象被选择。

(2) 交叉窗口选择：从左向右拖动光标，与矩形窗口相交及被包含的对象被选择。

(3) 栏选：在“选择对象”提示下，输入选项 f 进入栏选方式。

(4) 从多个对象中删除选择：已经选择一些对象时，按住 Shift 键并再次选中选择的对象，可以从当前选择集中删除对象。

3. 使用其他选择选项

在“选择对象”提示下，在命令行中输入“?”，可以看到所有选择选项。

（二）删除

删除指定对象就是用橡皮擦除图纸上不需要的内容，快捷命令：“E”。

（三）复制

复制对象将指定对象复制到指定位置，快捷命令：“CO”或“CP”。

（四）镜像

将选中的对象相对于指定的镜像线进行镜像，快捷命令：“MI”。

(五) 偏移

创建同心圆、平行线或等距曲线。偏移操作又称为偏移复制,快捷命令:“O”。

(六) 阵列

将选中的图像进行矩形或环形多重复制,快捷命令:“AR”。

1. 矩形阵列

利用其选择阵列对象,并设置阵列行数、列数、行间距等参数后,即可实现矩形阵列。

2. 环形阵列

利用其选择了阵列对象,并设置了阵列中心点,填充角度参数后,即可实现环形阵列。

(七) 移动

将选中的对象从当前位置移到另一位置,即更改图形在图纸上的位置,快捷命令:“M”。

(八) 旋转

旋转是将指定的对象绕指定点(称其为基点)旋转指定的角度,快捷命令:“RO”。

(九) 缩放

缩放是指放大或缩小指定对象,快捷命令:“SC”。

(十) 拉伸

拉伸与移动命令的功能有类似之处,可移动图形,但拉伸通常使对象拉长或压缩,快捷命令:“S”。

(十一) 修剪

用作为剪切边的对象修剪指定对象(称后者为被剪边),即将被修剪对象沿修剪边界(即剪切边)断开,并删除位于剪切边一侧或位于两条剪切边之间的部分,快捷命令:“TR”。

(十二) 延伸

将指定对象延伸到指定边界,快捷命令:“EX”。

(十三) 打断

从指定点处将对象分成两部分,或删除对象上指定两点的部分,快捷命令:“BR”。

(十四) 倒角

在两条线之间创建倒角,快捷命令:“CHA”。

(十五) 圆角

为对象创建圆角,快捷命令:“F”。

(十六) 分解

分解命令也称炸开命令,可令多段线、块、标注和面域等合成对象分解成它的部件对象,快捷命令:“X”。

(十七) 使用夹点编辑对象

夹点是一些小方框,是对象上的控制点。利用夹点功能,用户可以比较方便地编辑对象。

三、文字注释 THREE

所有输入的文字都应用文字样式，包括相应字体和格式的设置及文字外观的定义。

（一）文字样式

AutoCAD 图形中的文字根据当前文字样式标注，快捷命令："ST"。

（二）单行文字

单行文字适用于字体单一、内容简单、一行就可以容纳的注释文字。其优点在于，使用单行文字命令输入的文字，每一行都是一个编辑对象，可以方便地移动、旋转和删除。

可以通过如下的命令调用单行文字命令：

选择"绘图"—"文字"—"单行文字"命令，即执行 DTEXT，快捷命令："DT"。

（三）多行文字

多行文字适用于字体复杂、字数多，甚至整段文字的情况。使用多行文字输入后，文字可以由任意数目的文字行或段落组成，在指定的宽度内布满，可以沿垂直方向无限延伸。快捷命令："MT"。

四、尺寸标注 FOUR

不论是建筑还是家具，完整的图纸都必须包括尺寸标注。AutoCAD 中，一个完整的尺寸一般由尺寸线、尺寸界线、尺寸文字（即尺寸数字）和尺寸箭头四部分组成。

（一）尺寸标注的基本概念

AutoCAD 提供对各种标注对象设置标注格式的方法。可以从各个方向、各个角度对对象进行标注。

（二）尺寸标注的步骤

在 AutoCAD 室内装饰施工图的绘制过程中，进行尺寸标注应遵循以下步骤。

(1) 创建用于尺寸标注的图层。

(2) 创建用于尺寸标注的文字样式。

(3) 依据图形的大小和复杂程度配合将选用的图幅规格，确定比例。

(4) 设置尺寸标注样式。

(5) 捕捉标注对象并进行尺寸标注。

（三）标注样式

尺寸标注样式（简称标注样式）用于设置尺寸标注的具体格式，如尺寸文字采用的样式，尺寸线、尺寸界线以及尺寸箭头的标注设置等，以满足不同行业或不同国家的尺寸标注要求。

1. 线性标注

线性标注快捷键命令："DIM"，水平标注"HOR"，垂直标注"VER"，连续标注"CON"。

2. 对齐标注

对齐标注指所标注尺寸的尺寸线与两条尺寸界线起始点间的连线平行。命令：DIMALIGNED。

3. 角度标注

角度标注快捷键命令："DAN"。

4. 直径标注

直径标注快捷键命令："DDI"。

5. 半径标注

半径标注快捷键命令："DBA"。

6. 弧长标注

为圆弧标注长度尺寸命令：DIMARC。

7. 连续标注

连续标注快捷键命令："DCO"。

8. 基线标注

基线标注指各尺寸线从同一条尺寸界线处引出的标注。命令："DIMBASELINE"。

上机综合训练

创建图层并绘制以下平面图，利用面积查询工具标注各功能房间建筑面积，如图 1-1 所示。

(1) 创建以下图层。

墙线层	蓝色	Continuous	默认
尺寸标注层	黄色	Continuous	默认
门窗层	绿色	Continuous	默认
定位轴线	红色	ACAD_IS004W100	默认
文本标注	粉色	Continuous	默认
设计说明	青色	Continuous	默认

(2) 将以下建筑平面图中的相应图形分别绘制到对应的图层上。

(3) 隐藏"定位轴线"图层。

(4) 标注各房间建筑面积。

(5) 使用多行文字命令书写一段设计说明，要求标题为黑体，字高 700，其余字体为宋体，字高 700，并进行编号，如图 1-2 所示。

(6) 使用表格命令并填写材料表，要求标题为宋体，字高 700，列标题和数据单元格为宋体，字高 500，如图 1-3 所示。

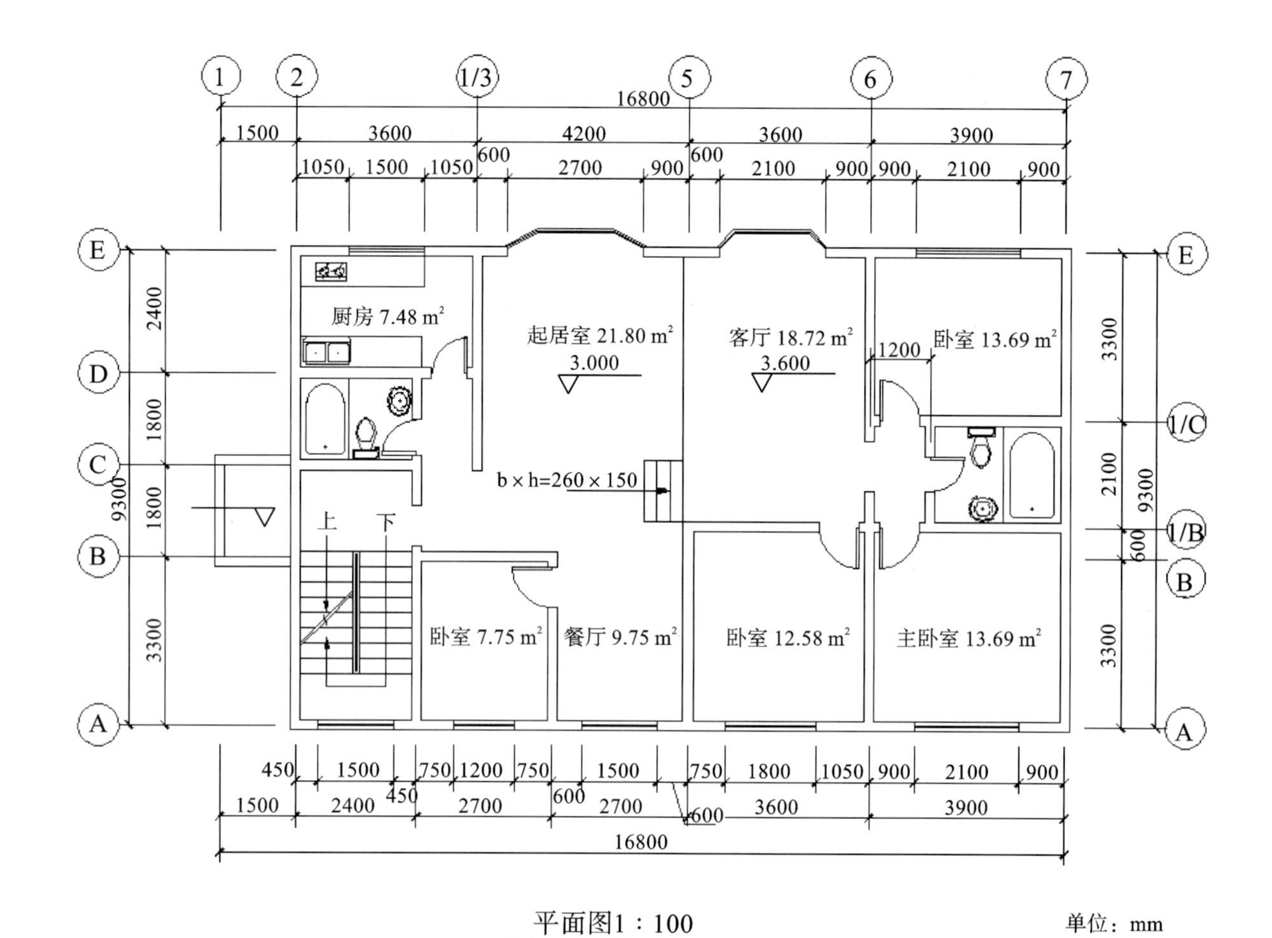

图 1-1　创建图层并绘制平面图

设　计　说　明

一、设计依据

1.根据业主要求设计风格为中式传统。

2.国家现行有关设计规范。

二、设计范围

室内墙、顶、地装修；卫生洁具安装；不含活动洁具及陈设、装饰品。

三、设计要求

1.本设计标高以精装修的客厅地面完成标高为本户型的+0.00。

2.轻钢龙骨吊顶构造采用88J4（三）U型龙骨吊顶做法。

3.除特别注明外，所有装修做法均执行《建筑构造通用图集》（88J1-9）。

图 1-2　用多行文本书写设计说明

主要材料表			
位置	名称	材料	备注
客厅	地面	500 mm×500 mm地砖　云石砖波打线	
	墙面	海马斯如胶漆 黑檀木饰面 高级墙纸 白影木饰面	
	天花	海马斯乳胶漆	
	阳台	100 mm×600 mm磨平亚光青石板	
	窗台	金碧辉煌大理石窗台	

图 1-3　使用表格命令绘制并填写材料表

模块三

图纸输出与打印

学习目标

掌握打印绘图设备的配置,打印布局设置方法,打印图纸的方法。

技能目标

打印时进行绘图设备的配置,打印时进行布局的设置方法,打印图纸的操作。

一、配置绘图设备 ONE

添加新的输出设备如下。

单击 AutoCAD 软件中“文件”菜单栏中的“绘图仪管理器”选项,打开“Plotters”文件窗口。双击“添加绘图仪向导”图标,弹出“添加绘图仪”—“简介”对话框,点击“下一步”按钮,弹出“添加绘图仪”—“开始”对话框。

如果需要添加系统默认的打印机,点选“系统打印机”选项,单击下一步,然后按照提示完成打印设备的添加。

如果需要添加已有打印机,可以点选“我的电脑”选项,弹出“绘图仪型号”对话框。选择打印机的生产商、型号,然后按照提示完成已有打印设备的添加。

(1) 打开前面绘制完成的“居室施工图.dwg”文件为当前图形文件。

(2) 单击“文件”—“打印”选项,弹出“打印”—“模型”对话框。

(3) 在“打印”—“模型”对话框中的“打印机/绘图仪”选项区域中的“名称”下拉列表框中选择系统所使用的绘图仪类型。

(4) 在“图纸尺寸”选项区域中的“图纸尺寸”下拉列表框内选择“ISO A3(420.00 mm×297.00 mm”图纸尺寸。

(5) 在“打印比例”选项区域内勾选“布满图纸”或打印比例。

(6) 在“打印区域”选项区域的“打印范围”下拉列表框中选择“窗口”,进入窗口选择要打印的图纸。

(7) 在设置完成的“打印”—“模型”对话框中单击“预览”按钮,进行预览。

(8) 如对预览结果满意,就可以单击预览状态下工具栏中的打印按钮进行打印输出。

二、布局布置 TWO

(一) 打开图纸,切换到布局空间

单击“文件”菜单栏中的“打开”选项,选择绘制完成的图形,将其打开。点击“布局选项卡”按钮,切换到布局

空间。

（二）创建视口

鼠标点击图形视口的框线，删除该视口。然后点击“视图”菜单中的“视口”选项，选择单个视口。

（三）完成设置

用鼠标单击选中视口，然后在“视口”工具栏比例下拉列表中选择打印比例，之后单击“对象特性”按钮，在“显示锁定”选项中选择“是”，将视口中的图形锁定，完成布局的设置。

三、打印图纸 THREE

（一）模型空间出图

1. 特点

出图时没有复杂的图形排列，可以将图纸标题栏图框插入模型空间中，直接在模型空间中实现完整图纸的打印出图。但这种方式不够灵活，重复性差，适用于单次临时打印。

2. 操作步骤

调用方式如下。菜单栏：“文件”—“打印”；快捷键 Ctrl + P；命令行：plot。

（1）选择打印机/绘图仪，列表框将列出已安装驱动的物理打印机/绘图仪，若需电子打印可选择 DWF6-ePlot. pc3，选择完成后注意观察名称框下的相应说明。

（2）选择打印样式表，打印样式控制表控制对象的打印特性，若需单色打印可选择 monochrome. ctb，彩色打印选择 acad. ctb。

（3）选择图纸尺寸，列表框将显示所选打印设备可用的标准图纸尺寸。

（4）选择图形方向，图纸图标代表所选图纸的介质方向，字母图标代表图形在图纸上的方向。

（5）选择打印区域，确定要打印的图形部分，有以下选项。

①窗口：如果选择“窗口”，则进入模型空间，通过指定两个角点确定一个窗口来打印该图形窗口内的图形。

②范围：当前空间内的所有几何图形都将被打印。

③图形界限：打印图形界限定义的图形区域。

④显示：打印当前视口中的视图。

（6）设置打印偏移：打印偏移是指打印区域相对于可打印区域左下角或图纸边界的偏移，一般设置为居中打印。

（二）布局打印出图

1. 特点

图纸空间就像一张图纸，打印之前可以在上面排放图形。图纸空间用于创建最终的打印布局，而不用于绘图工作。一个图形文件可包含多个布局，每个布局代表一张单独的打印输出图纸。在布局中可以创建并放置视口对象，还可以添加标题栏。

2. 布局的操作步骤

1）进入图纸空间

在绘图区域底部单击布局选项卡，就可以进入相应的图纸空间环境。

2）添加或删除布局

在任一布局选项卡上单击鼠标右键，在弹出的右键菜单中可以实现布局的添加、删除、重命名等管理工作。

3）使用布局进行打印的步骤

(1) 在“模型”选项卡上创建主题模型。

(2) 单击“布局”选项卡，激活或创建布局。

(3) 指定布局页面设置，例如打印设备、图纸尺寸、打印区域、打印比例和图形方向。

(4) 将标题栏插入到布局中(或使用已具有标题栏的图形样板)。

(5) 创建要用于布局视口的新图层。

(6) 创建布局视口并将其置于布局中。

(7) 设置浮动视口的视图比例。

(8) 关闭包含布局视口的图层。

(9) 打印布局。

模块四

室内设计施工图规范

学习目标

掌握 AutoCAD 室内设计制图的相关规范。

技能目标

掌握 AutoCAD 绘图需要遵守的设计规范，室内设计制图标准《房屋建筑制图统一标准》(GB/T 50001—2017)。

室内施工图是在建筑施工图的基础上绘制出来的。它是按照正投影的方法作图，用来表达装饰设计意图并与业主进行交流沟通与指导施工的图纸。因此室内施工图是工程信息的载体，是进行室内工程施工的主要依据。

一、图纸幅面规格 ONE

(一) 图纸幅面规格

图纸幅面是指图纸本身的规格尺寸，也就是常说的图签。为了合理使用并便于图纸管理装订，室内设计制图的图纸幅面规格尺寸延用建筑制图的国家标准，如表 1-3 的规定及图 1-4 的格式。

表 1-3 图纸幅面及图框尺寸(mm)

尺寸代号	幅面代号				
	A_0	A_1	A_2	A_3	A_4
b×L	841×1189	594×841	420×594	297×420	210×297
c	10			5	
a	25				

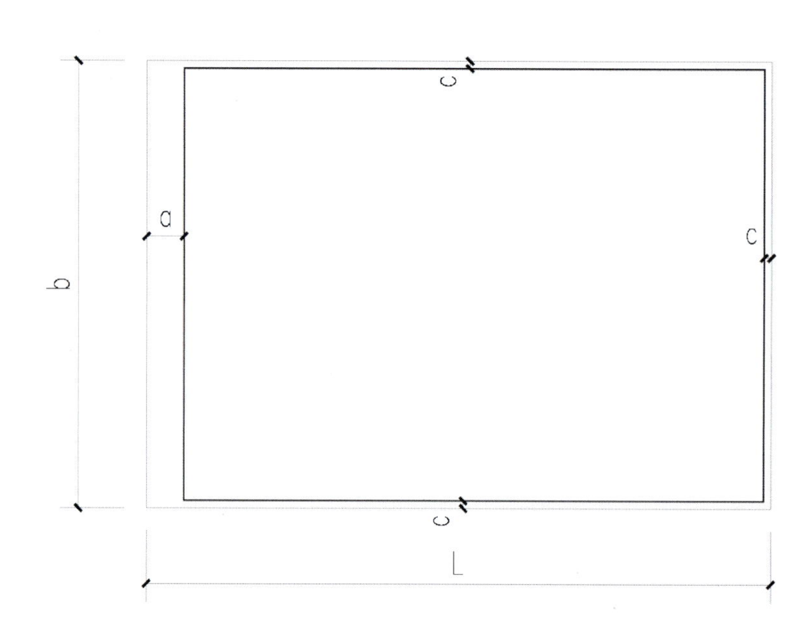

图 1-4 图纸幅面规格

（二）图纸的加长

图纸短边不得加长，长边可加长，加长尺寸如表 1-4 所示。

表 1-4 图纸长边加长尺寸(mm)

幅面尺寸	长边尺寸	长边加长后尺寸
A_0	1189	1486、1635、1783、1932、2080、2230、2378
A_1	841	1051、1261、1471、1682、1892、2102
A_2	594	743、891、1041、1189、1338、1486、1635、1783、1932、2080
A_3	420	630、841、1051、1261、1471、1682、1892

二、标题栏与会签栏 TWO

（一）标题栏

标题栏的主要内容包括设计单位名称、工程名称、图纸名称、图纸编号及项目负责人、设计人、绘图人、审核人等项目内容。如有备注说明或图例简表也可视其内容设置其中。标题栏的长宽与具体内容可根据具体工程项目进行调整。

(二)会签栏

室内设计中的设计图纸一般需要审定,水、电、消防等相关专业负责人要会签,这时可在图纸装订一侧设置会签栏,不需要会签的图纸可不设会签栏。其形式如图 1-5 所示。

以下以 A_3 图幅为例,常见的图纸布局形式如图 1-5 所示。

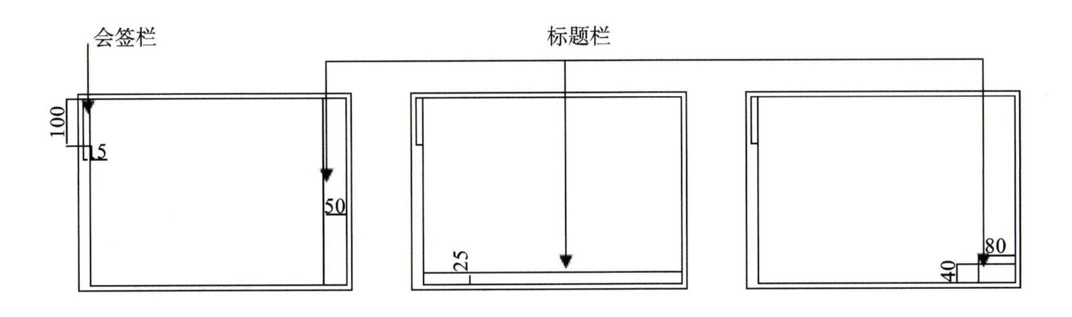

图 1-5　会签栏、标题栏

三、图签与布局空间画法　THREE

图签在布局空间内可按 1∶1 比例绘制,打印时亦按 1∶1 比例打印,无须放大或缩小。图签可制成母图,与若干张图纸内容形成关联的关系,图签内标题栏的内容如工程名称、项目名称等有变化可只修改一张母图,其余若干张图纸可与其一起发生变更。作为母图的图签应与其他关联图纸在同一文件夹内。

四、符号的设置　FOUR

符号是构成室内设计施工图的基本元素之一,符号均在布局空间内按 1∶1 比例绘制,形成标准模板。在标注时可直接调用,对保证图面的统一规范及美观起到很大的作用。

(一)详图索引符号

详图索引符号如图 1-6 所示。

如索引的详图占满一张图幅而无其他内容索引时也可采用如图 1-7 的形式。

在施工图中,有时会因为比例问题而无法表达清楚某一局部,为方便施工需另画详图。一般用索引符号注明画出详图的位置、详图的编号以及详图所在的图纸编号,如图 1-8 所示。

(二)节点剖切索引符号

用途:节点剖切索引符号可用于平、立面造型的剖切,如图 1-9 所示,可贯穿剖切也可断续剖切节点,A_3、A_4 图幅剖切索引符号的圆直径为 10 mm。

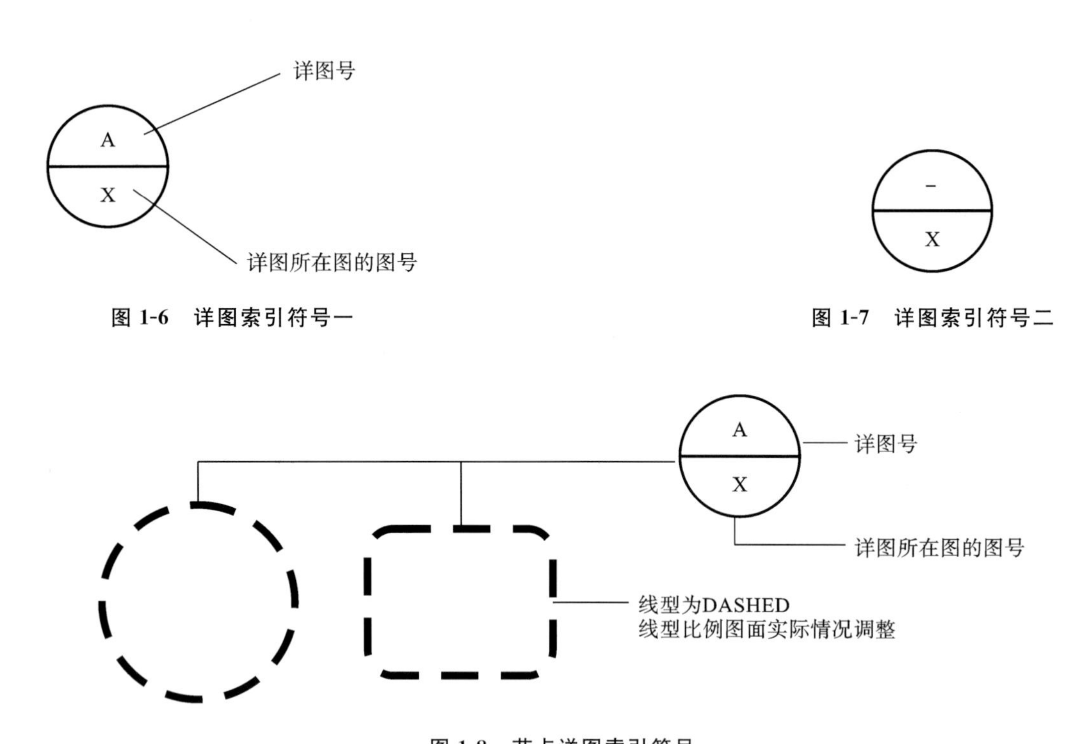

图 1-6 详图索引符号一

图 1-7 详图索引符号二

图 1-8 节点详图索引符号

节点剖切索引符号各部位表示内容如图 1-10 至图 1-12 所示。无论剖切视点角度朝向何方，索引圆内的字体应与图幅保持水平，详图号位置与图号位置不能颠倒。

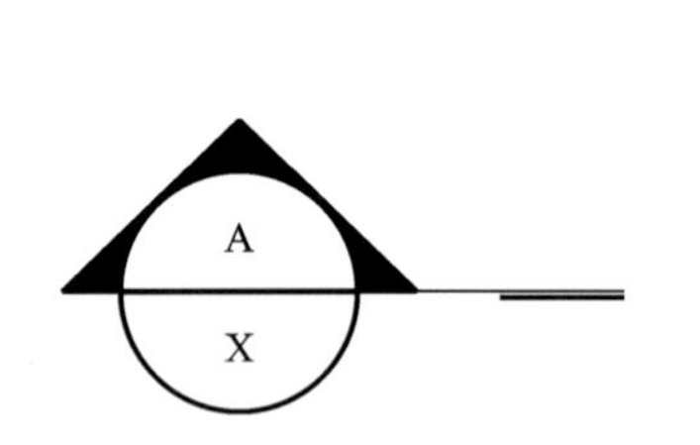

图 1-9 节点剖切索引符号

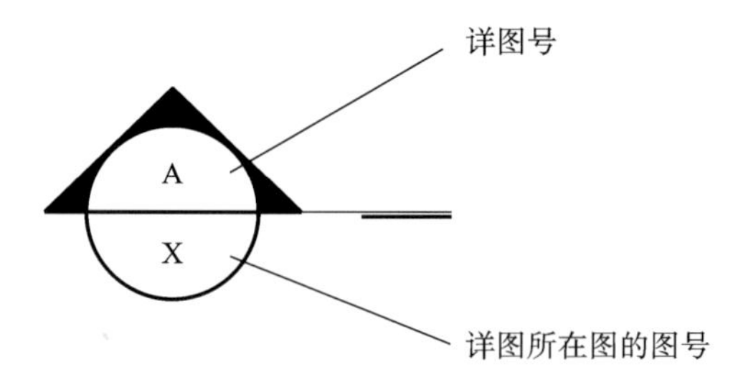

图 1-10 节点剖切索引符号文字表示内容

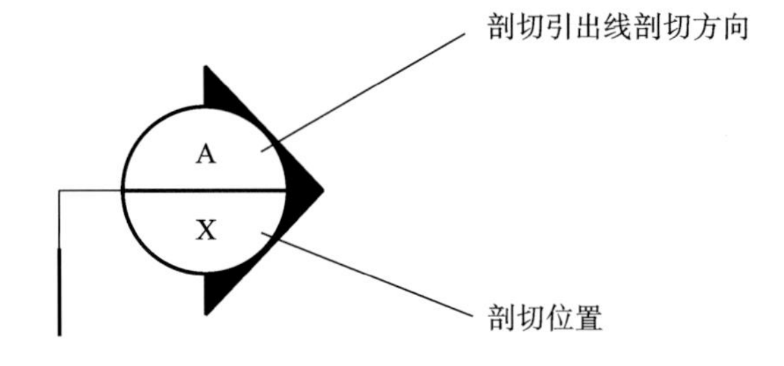

图 1-11 节点剖切索引符号剖切位置和剖切方向

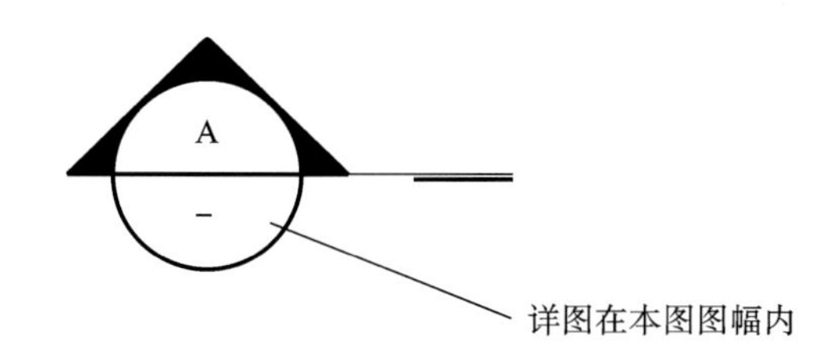

图 1-12 详图在本页节点剖切索引符号表示方法

（三）引出线

引出线可用于详图符号或材料、标高等符号的索引。

立面引出线示例如图 1-13 所示。平面引出线示例如图 1-14 所示。室内引出线示例如图 1-15 所示。

引出线示例如图 1-16 所示。

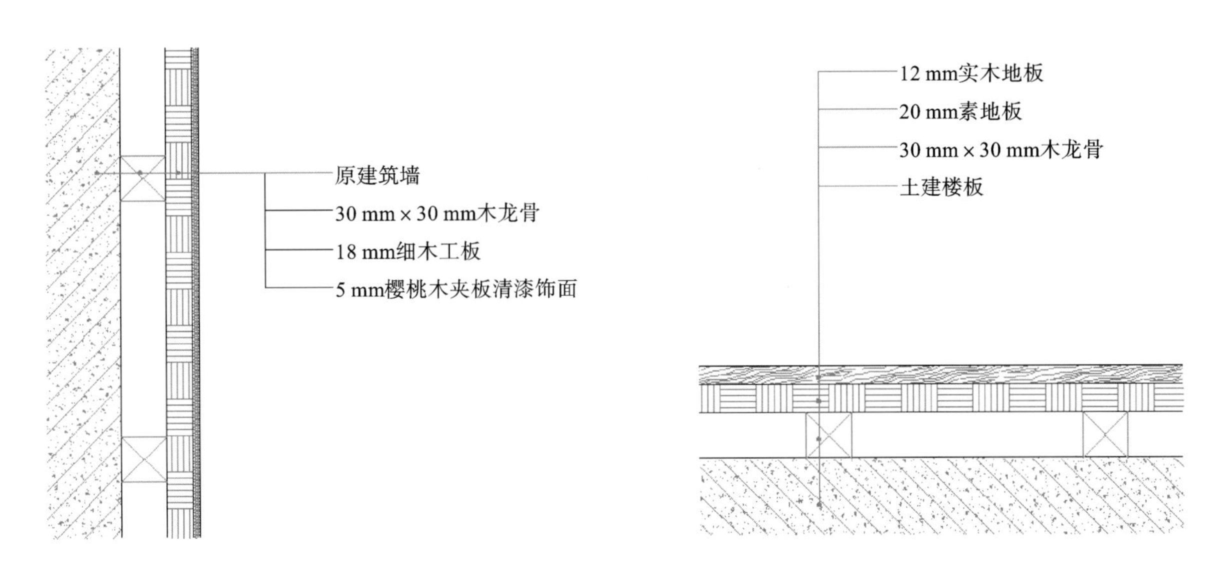

图 1-13 立面引出线示例

图 1-14 平面引出线示例

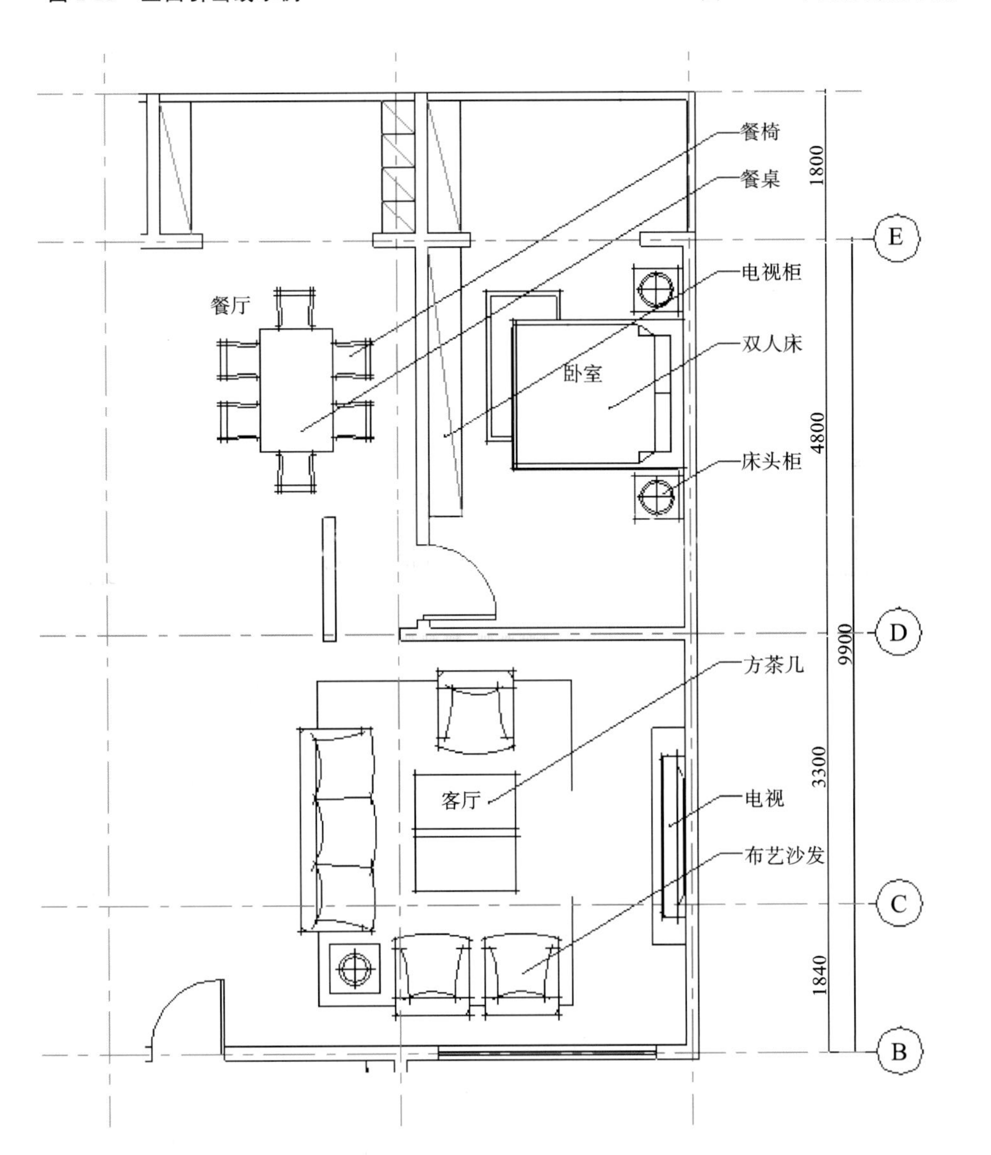

图 1-15 室内引出线示例

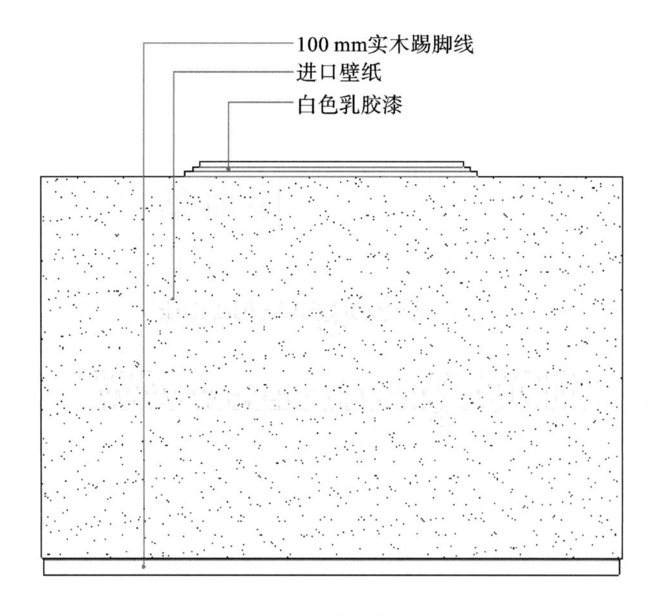

图 1-16　引出线示例

(四) 立面索引符号

立面索引符号是在平面图内指示立面索引或剖切立面索引的符号。A_3、A_4 图幅剖切索引符号的圆直径为 10 mm。立面索引符号如图 1-17 所示。如一幅图内含多个立面时,如图 1-18 所示。

如所引立面在不同的图幅内,如图 1-19 所示。

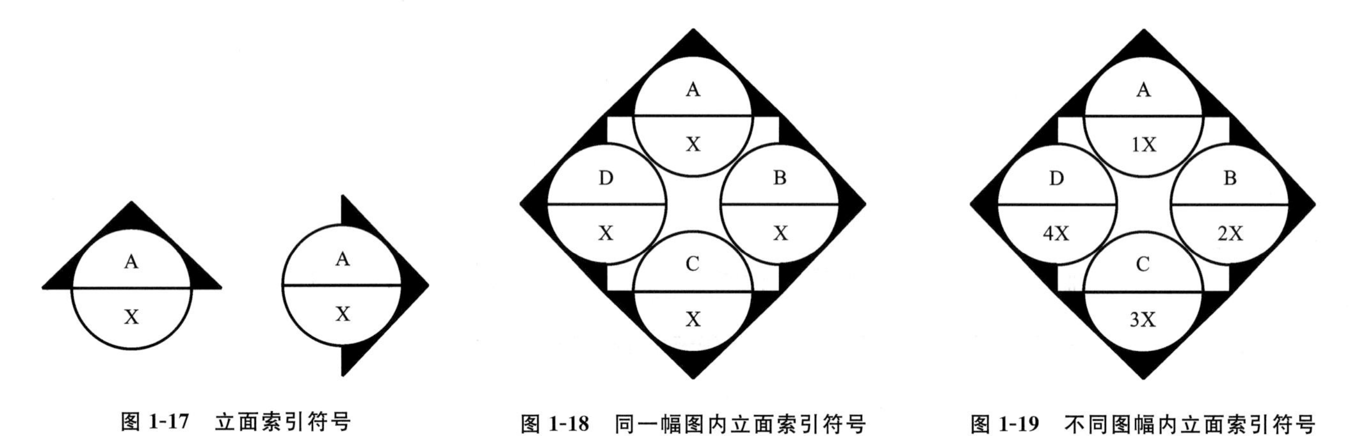

图 1-17　立面索引符号　　图 1-18　同一幅图内立面索引符号　　图 1-19　不同图幅内立面索引符号

立面索引符号的应用如图 1-20 所示。

(五) 标高符号

标高符号用于天花造型及地面的装修完成面高度的表示,如图 1-21 所示。标高符号的使用示例如图 1-22 至图 1-24 所示。

(六) 连接符号和折断符号

连接符号和折断符号用于图纸内容的省略或截选,如图 1-25、图 1-26 所示。

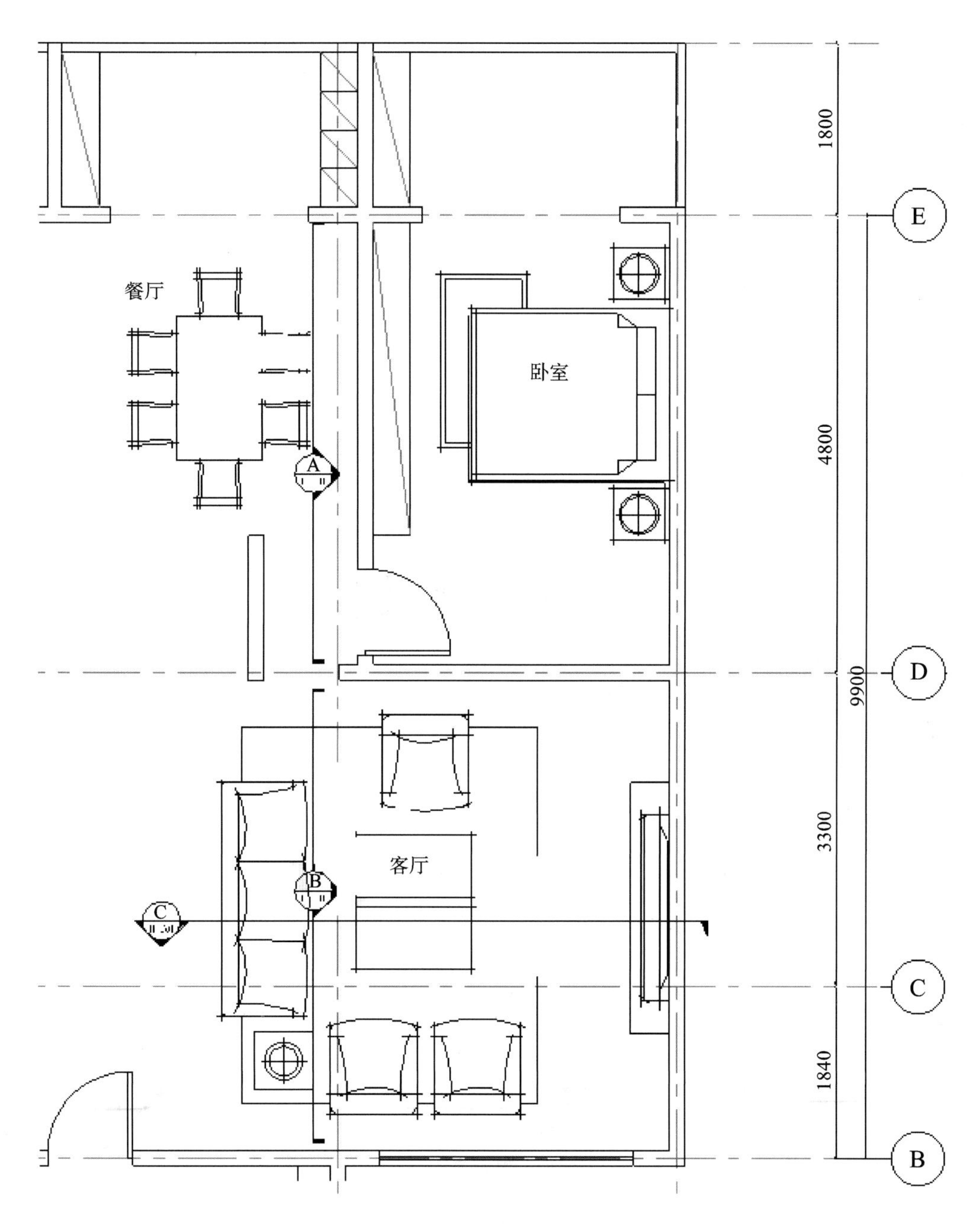

图 1-20　立面索引图示例

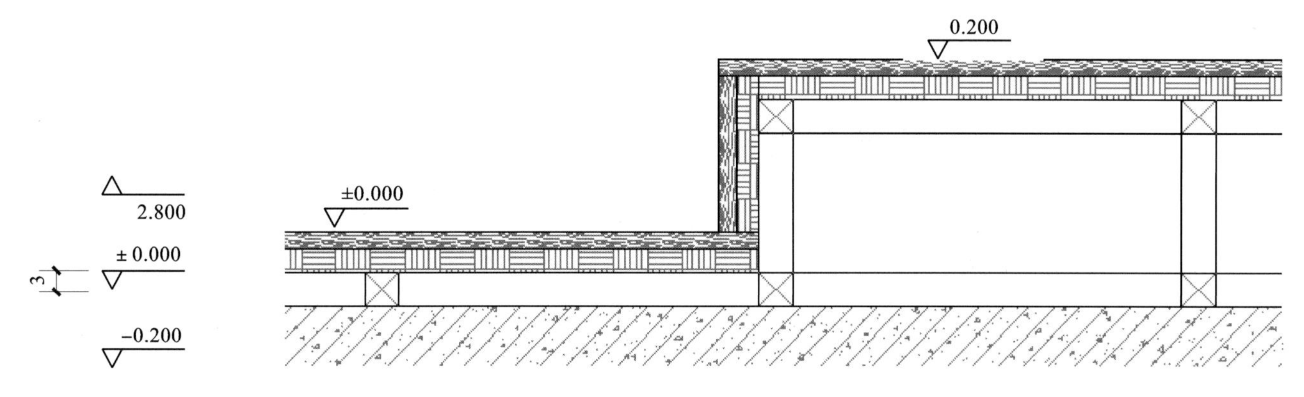

图 1-21　标高符号

图 1-22　地面装修完成面高度标高示例

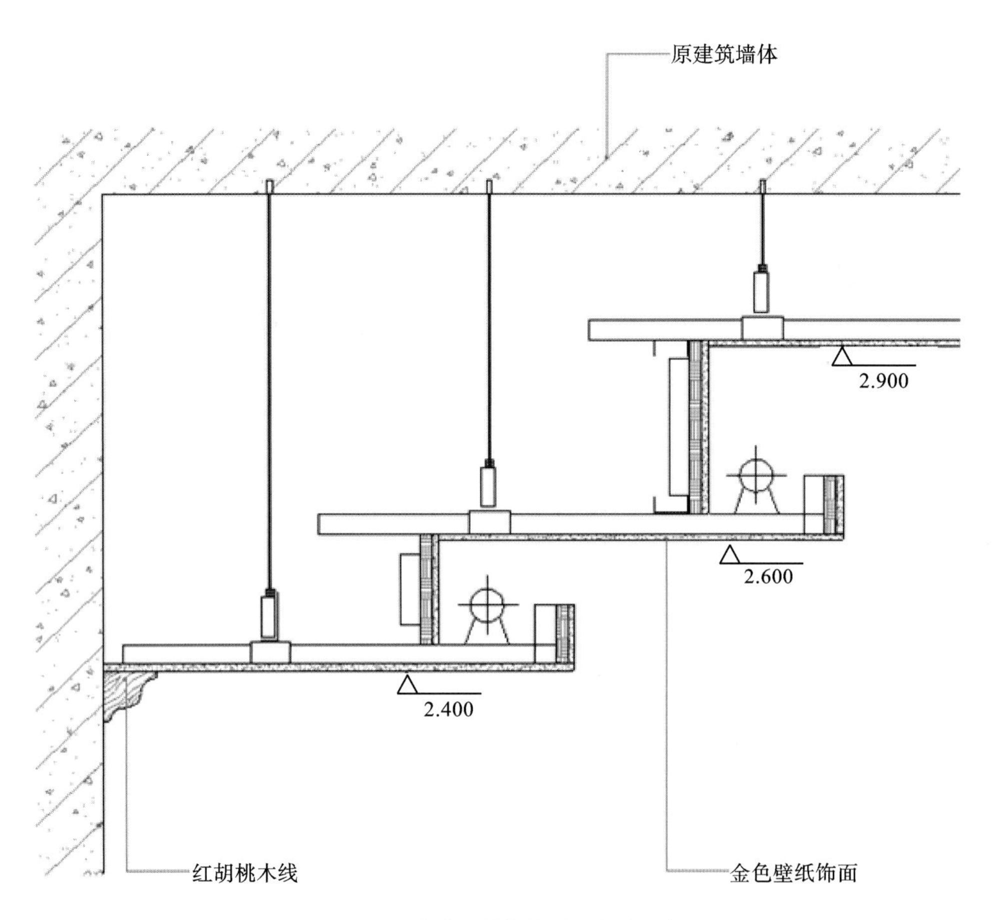

图 1-23　天花造型装饰完成面标高示例

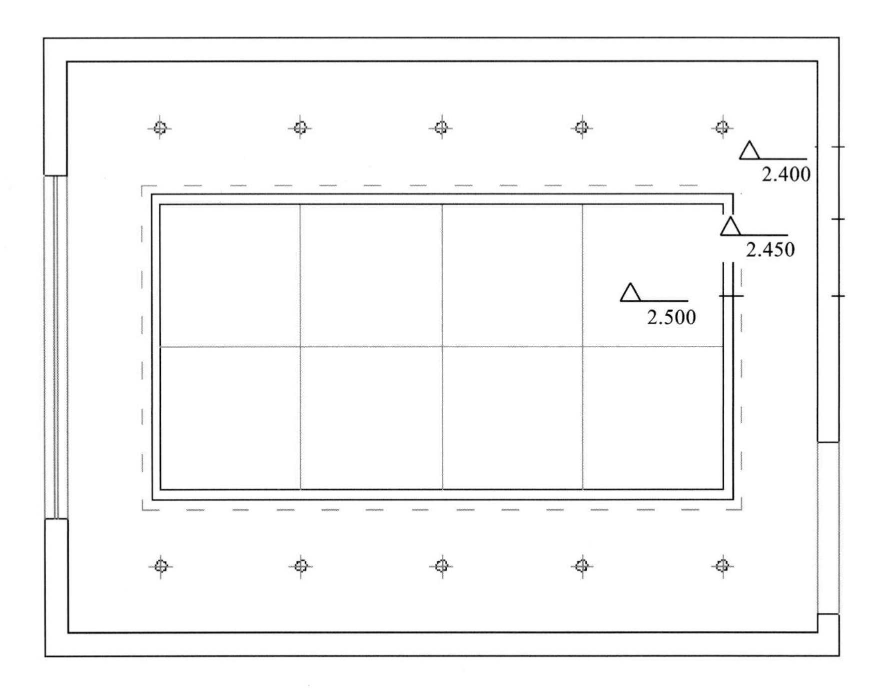

图 1-24　天花平面图标高示例

图 1-25 连接符号　　图 1-26 折断符号

（七）放线定位点符号

放线定位点符号用于地面石材地砖等材料铺装的开线点，如图 1-27 所示。定位点可与建筑轴线相关联标注，以使其定位更为准确。

（八）中心线

中心线用于图形的中心定位，如图 1-28 所示。

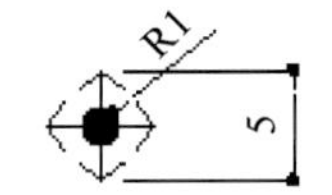

图 1-27 放线定位点符号

图 1-28 中心线

中心线应用示例如图 1-29 所示。

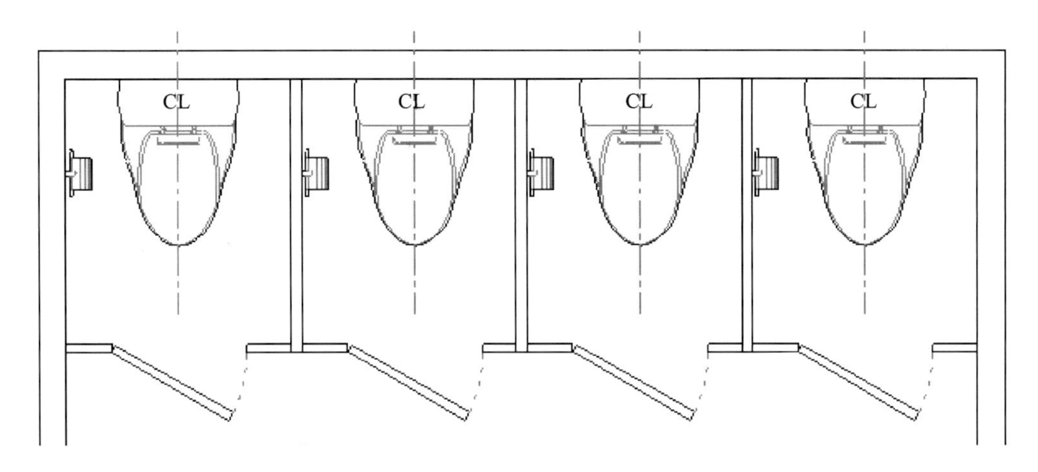

图 1-29 中心线应用示例

（九）绝对对称符号

绝对对称符号用于说明图形的绝对对称，也可做图形的省略画法，如图 1-30 和图 1-31 所示。

（十）灯具索引

灯具索引用于表示灯饰的形式、类别的编号，CL 大写英文字母表示灯饰。由椭圆形、引出线、灯具符号组成，如图 1-32 所示。灯具索引符号应与详细的列表相结合，以便更为细致地进行描述。

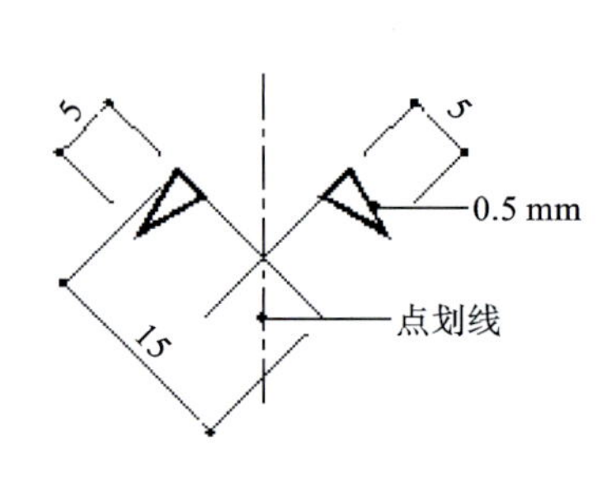

图 1-30　绝对对称符号

图 1-31　绝对对称符号示例

（十一）家具索引符号

家具索引符号是用于表示各种家具的符号，如图 1-33 所示。

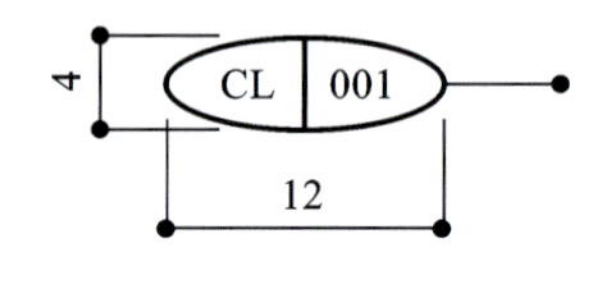

图 1-32　灯具索引符号

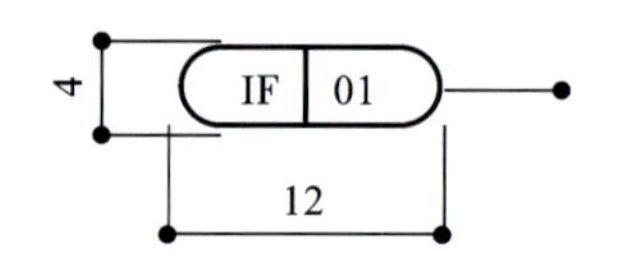

图 1-33　家具索引符号

（十二）艺术品陈设索引符号

艺术品陈设索引符号用于表示图中陈设物品（含绘画、陈设物品、绿化等），如图 1-34 所示。

（十三）图纸名称及比例

图纸名称及比例用于表示图纸名称及比例选择，如图 1-35 所示。

（十四）指北针

指北针由圆及指北线段和汉字组成，用于表示平面图朝北方向，如图 1-36 所示。

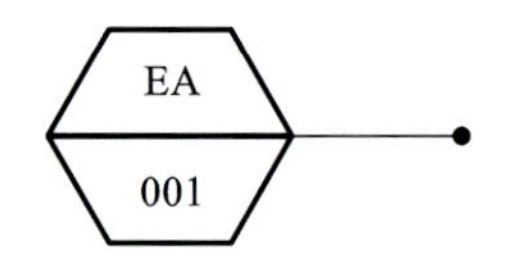

图 1-34　艺术品陈设索引符号

首层平面图　1：100

图 1-35　图纸名称及比例

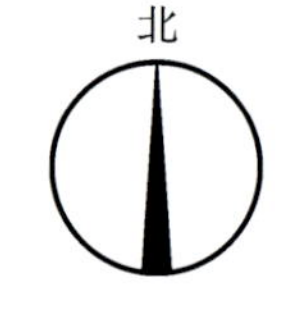

图 1-36　指北针

五、材质图例的设置　FIVE

材质图例是应用在图形剖面或表面的填充内容，以下是一些较常见的材质填充内容，可直接调用。用 AUTO-CAD 的 hatch 命令可对填充内容、填充比例依图面内容进行调整，如表 1-5 所示。

表 1-5 材质图例

材质填充图例	材质类型	材质填充图例	材质类型
	石材、瓷砖		细木工板(大芯板)
	钢筋混凝土		木材
	混凝土		夹板
	黏土砖		镜面/玻璃
			软质吸音层
	钢/金属		硬质吸音层
			硬隔层
	基层龙骨		陶质类
			涂料粉刷层

六、尺寸标注与文字标注的设置 SIX

(一) 尺寸标注

尺寸标注的原则如下。

(1) 水平垂直原则,对齐原则。

(2) 标注的层次及标注的内容与图面关系。

(3) 标注的深度,随着设计深度及比例的调整。

(4) 标注的其他形式,角度、网格。

(5) 布局空间内标注的特点(布局空间内标注均为 1 : 1 字高,不可移动模型空间的内容,否则布局空间的内容将与模型空间内容错位)。

(二) 文字标注

文字标注时应尽量在尺寸界线内,尽量不要与尺寸界线交叉,标注内容应尽量详尽。常用字高为 3.5 mm、5 mm、7 mm、10 mm 等。

七、施工图的编制顺序 SEVEN

室内设计项目的规模大小、繁简程度各有不同,但其成图的编制顺序应遵守统一的规定。一般来说成套的施工图包含以下内容。

(1) 封面:项目名称、业主名称、设计单位、成图依据等。

(2) 目录:项目名称、序号、图号、图名、图幅、图号说明、图纸内部修订日期、备注等。

(3) 文字说明:项目名称,项目概况,设计规范,设计依据,常规做法说明,关于防火、环保等方面的专篇说明。

(4) 图表:材料表、门窗表(含五金件)、洁具表、家具表、灯具表等。

(5) 平面图:总平面包括总建筑隔墙平面、总家具布局平面、总地面铺装平面、总天花造型平面、总机电平面等内容;分区平面包括分区建筑隔墙平面、分区家具布局平面、分区地面铺装平面、分区天花造型平面、分区灯具、分区机电插座、分区下水点位、分区开关连线平面、分区艺术的陈设平面等内容;可根据不同项目内容有所增减。

(6) 立面图:装修立面图、家具立面图、机电立面图。

(7) 节点大样详图:构造详图、图样大样等。

(8) 配套专业图纸:水、电等相关配套专业图纸。

可扫描二维码学习《房屋建筑制图统一标准》(GB/T 50001—2017)。

房屋建筑制图统一标准
GB/T50001—2017

第二篇
实践应用篇

ZHUANGSHI SHIGONGTU SHENHUA SHEJI

知识目标

能够读懂室内工程图纸的内容；了解室内工程图的特点；通过图纸对项目有基本了解。

技能目标

能进行室内原建筑结构图、平面布置图、拆墙砌墙图、地板布置图、天花布置图、插座布置图、水路布置图、电路配电系统、立面图及剖面图、节点图的绘制。

重　点

室内装饰设计工程图纸的内容及特点。

难　点

室内剖面图。

施工图设计图纸应包括平面图、顶棚平面图、立面图、剖面图、详图和节点图。本篇内容包括展台施工图深化设计、办公空间施工图深化设计、居室施工图深化设计，结合案例讲解施工图绘制方法，理论结合实际、循序渐进，让读者对室内设计施工图的绘制有一个全面清晰的了解与掌握。

模块一

展台施工图

学习目标

初步学习施工图绘制的步骤与方法。

技能目标

掌握 AutoCAD 绘制施工图的方法。

设计任务描述如下。

任务要求：根据案例展台施工图设计文件（见附录二）及案例步骤讲解绘制“展台施工图”。

展台施工图设计文件可以扫描二维码获取。

	展台施工图设计文件

一、展台顶视图的绘制 ONE

（1）启动 AutoCAD 软件，选择“格式”—“单位”命令，弹出“图形单位”的对话框，将“长度类型”设置为小数，“精度”设置为 0，如图 2-1 所示。

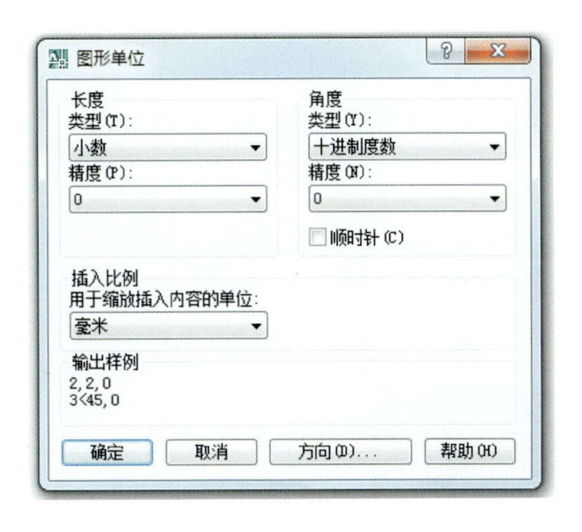

图 2-1　图形单位设置

（2）输入图层快捷键 LA 打开“图层特性管理器”的窗口，或者选择“图层”中的图层特性按钮，在图层属性中打开相应的选项板，新建“墙体、标注、剖面、填充”等图层，并且设置各个图层的具体属性，如图 2-2 所示。

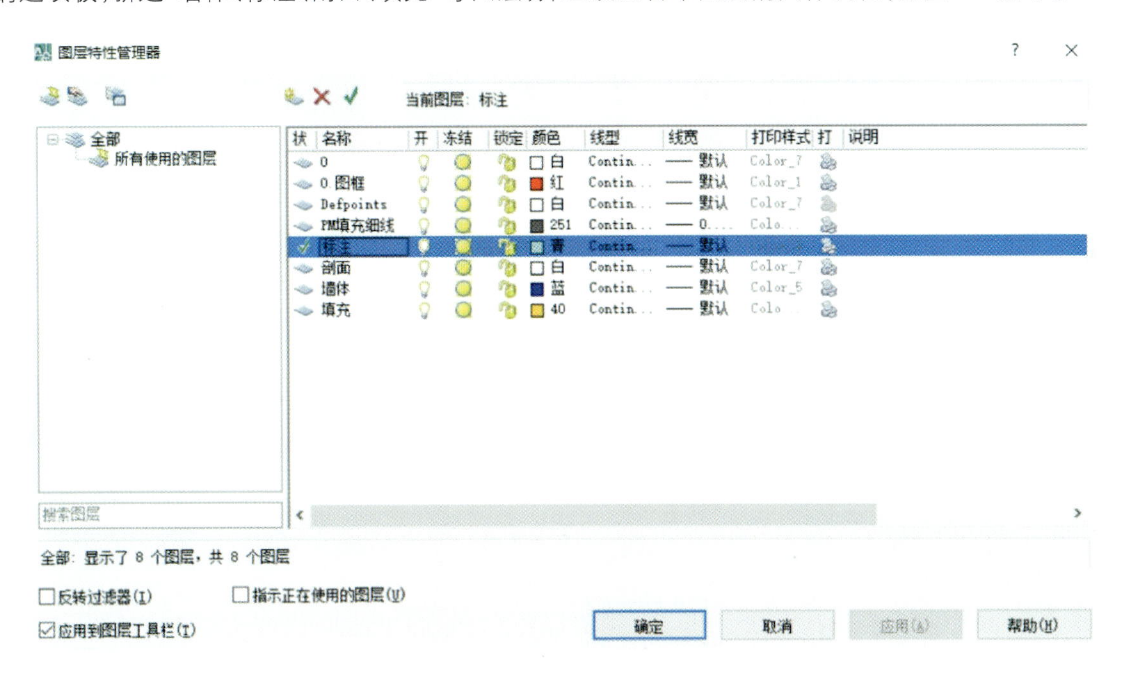

图 2-2　图层特性管理器

（3）输入文字样式快捷键 ST 打开“文字样式”的窗口，或者选择“格式”中的文字样式按钮，弹出文字样式的对话框，设置样式名称、选择字体及其具体高度和宽度，之后单击应用即可，如图 2-3 所示。

（4）选择“格式”中的标注样式按钮，弹出“标注样式管理器”的对话框，单击右侧“新建”按钮，弹出“创建新标注样式”的对话框，点击“继续”，对新的标注名称及其样式进行相关的设置，如图 2-4 至图 2-7 所示。

图 2-3　文字样式管理器

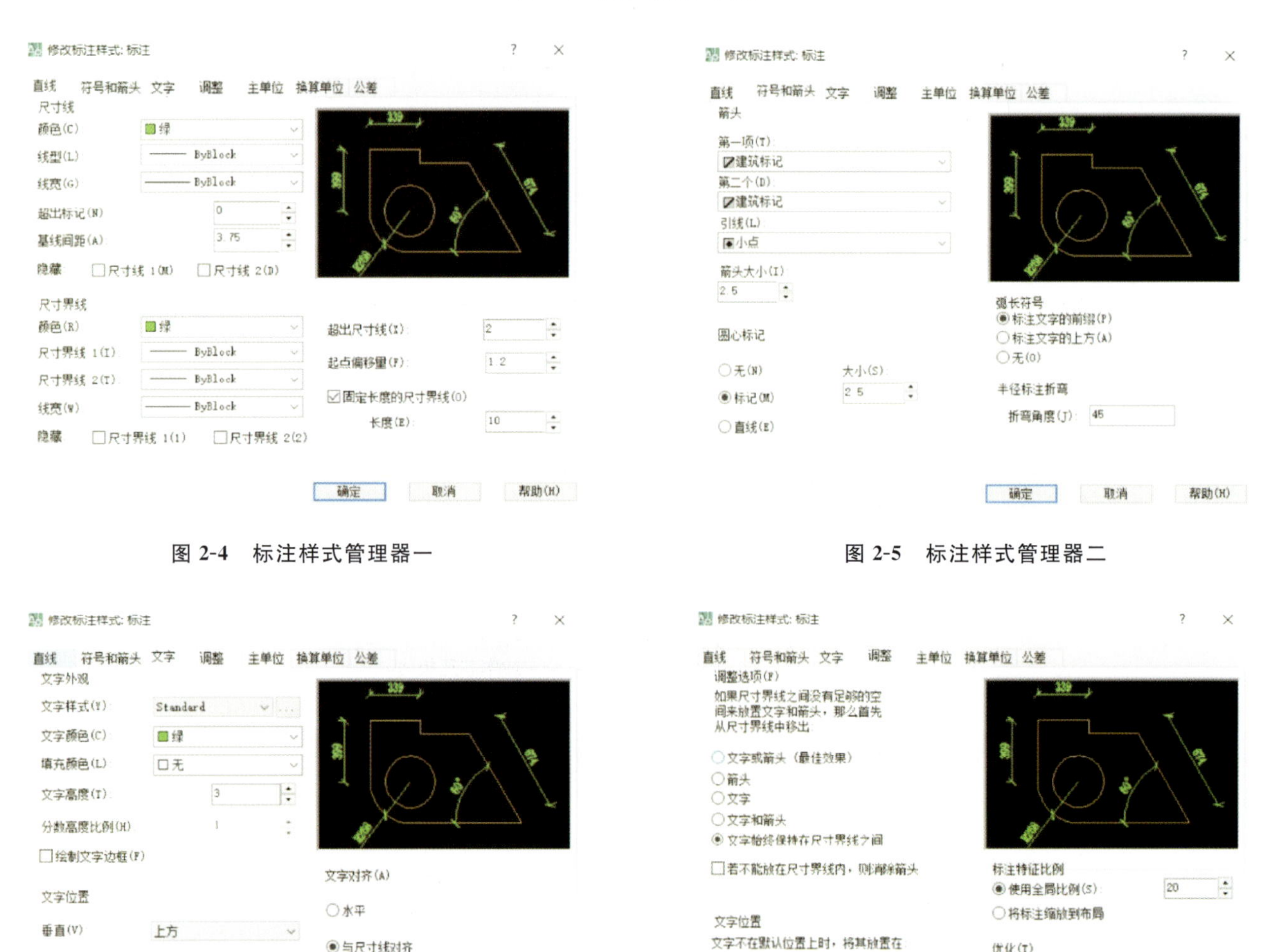

图 2-4　标注样式管理器一

图 2-5　标注样式管理器二

图 2-6　标注样式管理器三

图 2-7　标注样式管理器四

(5) 将“墙体”的图层设置为当前层，选择“绘图”当中的“直线”工具或者输入快捷键“L”，以及“偏移、复制和剪切”等命令，根据具体尺寸对展台顶视图的柜体轮廓线进行绘制，如图 2-8 所示。

(6) 将"图案填充"的图层设置为当前层，使用"图案填充"的命令或者输入快捷键"BH"对柜体玻璃进行填充，如图 2-9 所示。

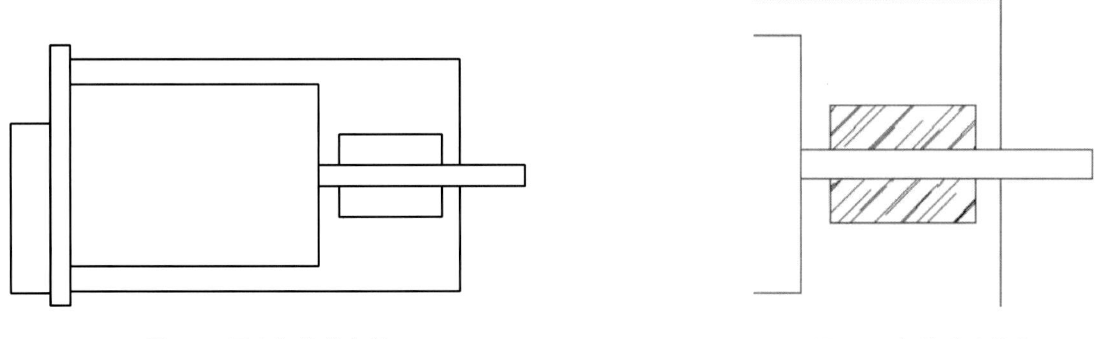

图 2-8 展台柜体轮廓线　　图 2-9 柜体玻璃填充

(7) 转换图层至"图框"，利用多段线"PL"命令，设定线宽"8"，对剖切符号进行绘制。新建图层，使用绘图中的圆"C"命令绘制具体详图，绘制区域为一个半径 300 的圆，设置其线型为虚线，如图 2-10 和图 2-11 所示。

(8) 将"剖面"设置为当前层，利用"直线、剪切及其图块"对展台顶面的剖切部位进行具体绘制，如图2-12所示。

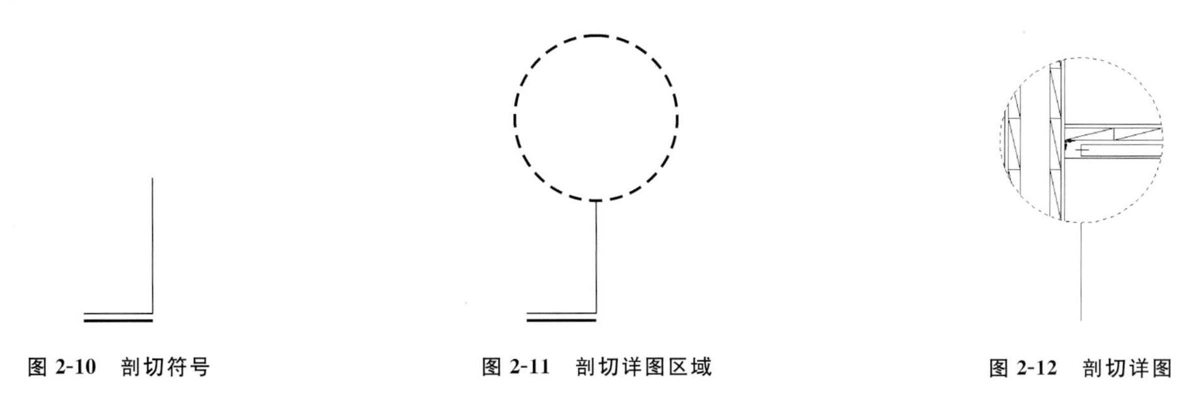

图 2-10 剖切符号　　图 2-11 剖切详图区域　　图 2-12 剖切详图

(9) 将"文本"的图层设置为当前层，利用"标注"当中的"引线"对放大的详图进行引线文本的具体标注，如图 2-13 所示。

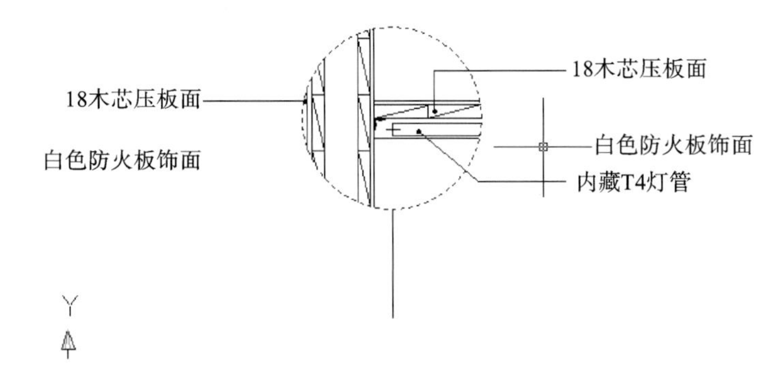

图 2-13 文本标注

(10) 将"标注"的图层设置为当前层，利用标注工具当中的"线性标注"及"连续标注"对展台顶视图进行详细的尺寸标注。

最终完成展台施工图顶视图的绘制，如图 2-14 所示。

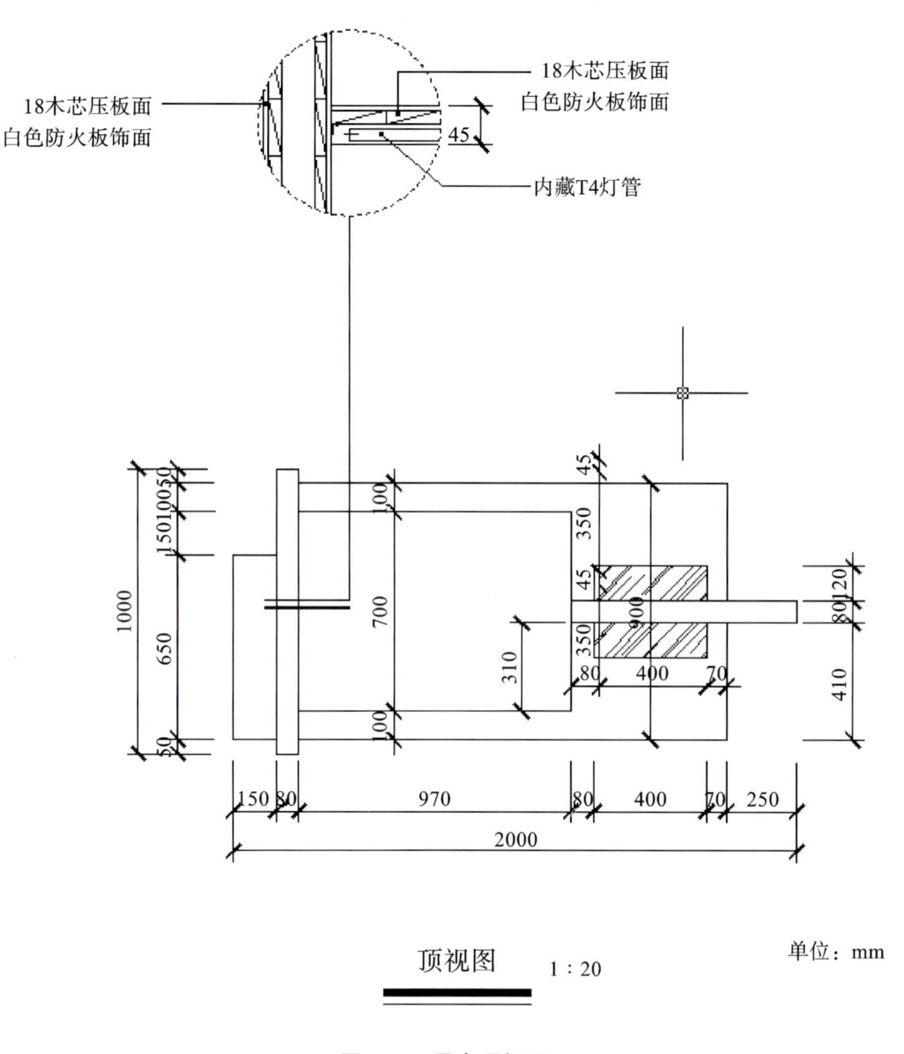

图 2-14　展台顶视图

二、展台前视图的绘制 TWO

(1) 启动 AutoCAD 软件，对单位、绘图环境、图层、文字样式及标注样式等进行具体的设置。

(2) 将“墙体”的图层设置为当前层，选择“绘图”当中的“直线”命令/“矩形”命令或输入快捷键“L/REC”，以及“偏移、复制和剪切”等命令，根据具体尺寸对展台前视图的柜体轮廓线进行绘制，如图 2-15 所示。

(3) 选择“图案填充”命令或者输入快捷键“BH”，对展台黑色防火板饰面进行图案填充，并且利用“插入块”命令依次插入干枝装饰、灯箱灯管等图块到图中合适的位置，如图 2-16 所示。

(4) 转换图层至“图框”，利用多段线“PL”命令，线宽“8”，对剖切符号进行绘制。新建图层，使用绘图中的圆“C”命令绘制具体详图，绘制区域为一个半径 300 的圆，设置其线型为虚线，如图 2-17 和图 2-18 所示。

(5) 将“剖面”设置为当前层，利用“直线、剪切”命令对具体的展台前面的剖切部位进行具体绘制，如图 2-19 所示。

(6) 利用“矩形及填充”命令对黑色防火饰面当中的白色烤漆玻璃进行绘制，如图 2-20 所示。

(7) 将“文本”的图层设置为当前层，利用“标注”当中的“引线”对放大的详图以及所有的材料进行引线文本的

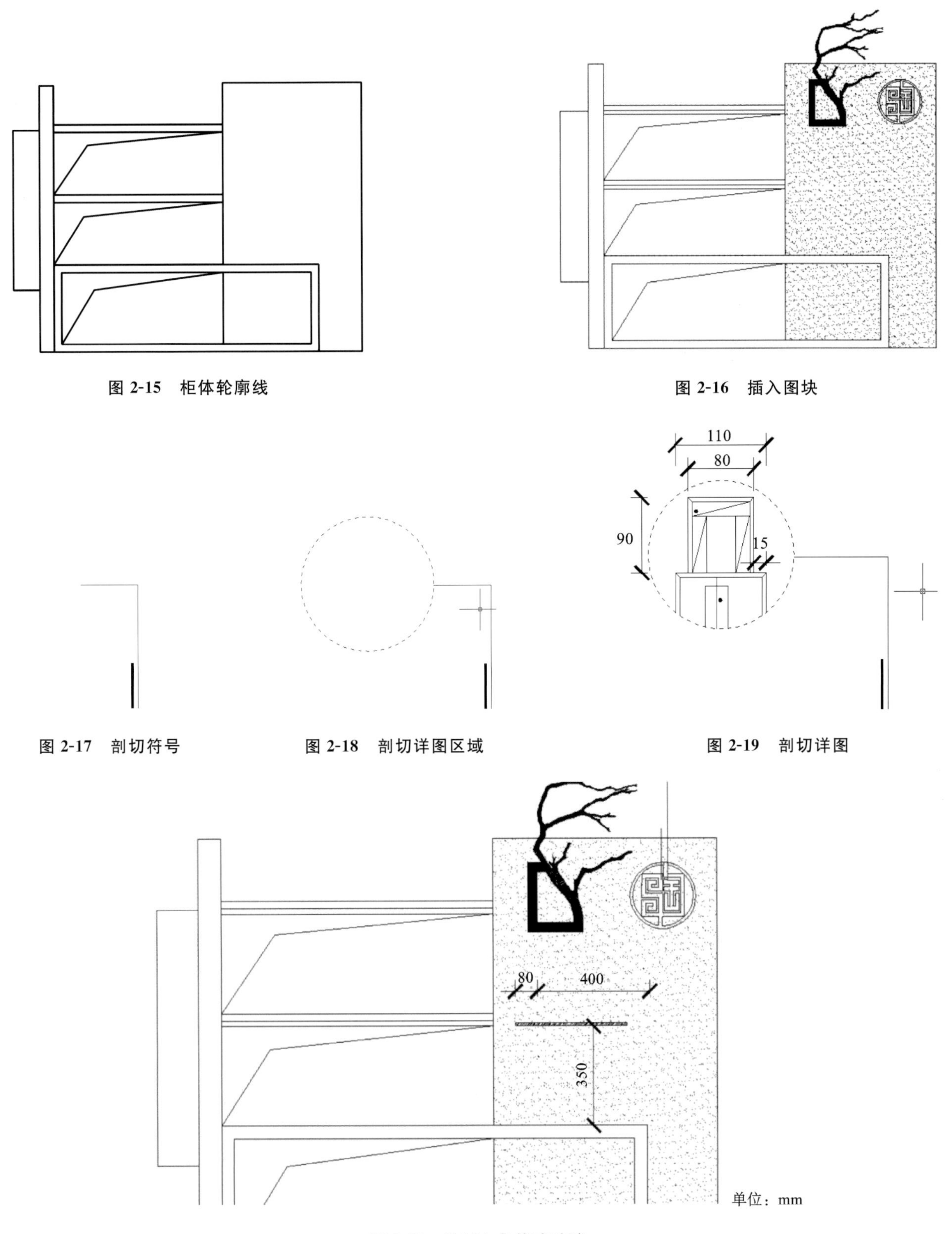

图 2-15　柜体轮廓线

图 2-16　插入图块

图 2-17　剖切符号

图 2-18　剖切详图区域

图 2-19　剖切详图

图 2-20　绘制白色烤漆玻璃

具体标注，如图 2-21 所示。

(8) 将“标注”的图层设置为当前层，利用标注工具当中的“线性标注”及“连续标注”对展台前视图进行详细的尺寸标注。

最终完成展台施工图前视图的绘制，如图 2-22 所示。

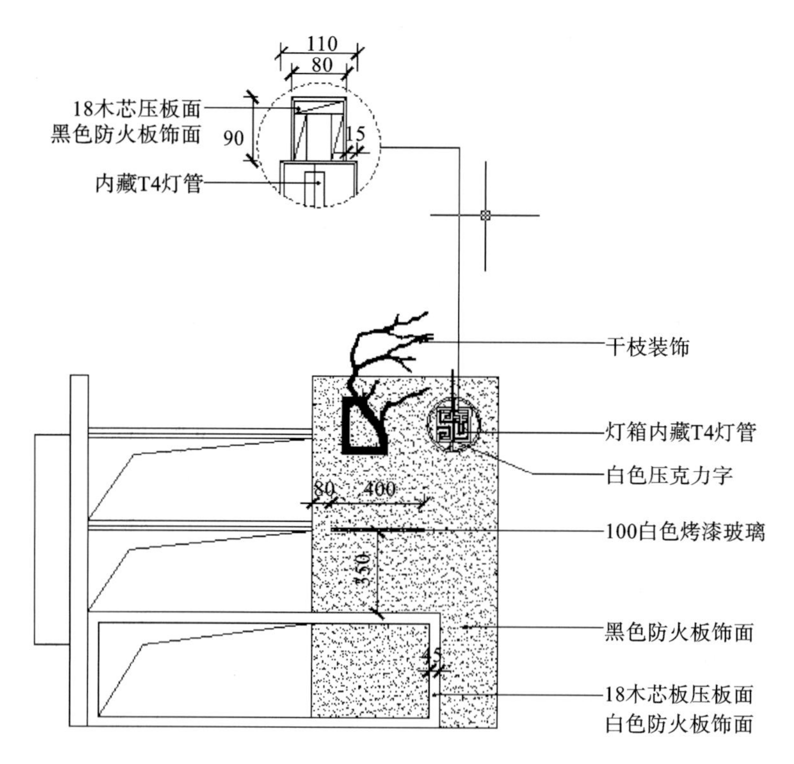

图 2-21　文本标注

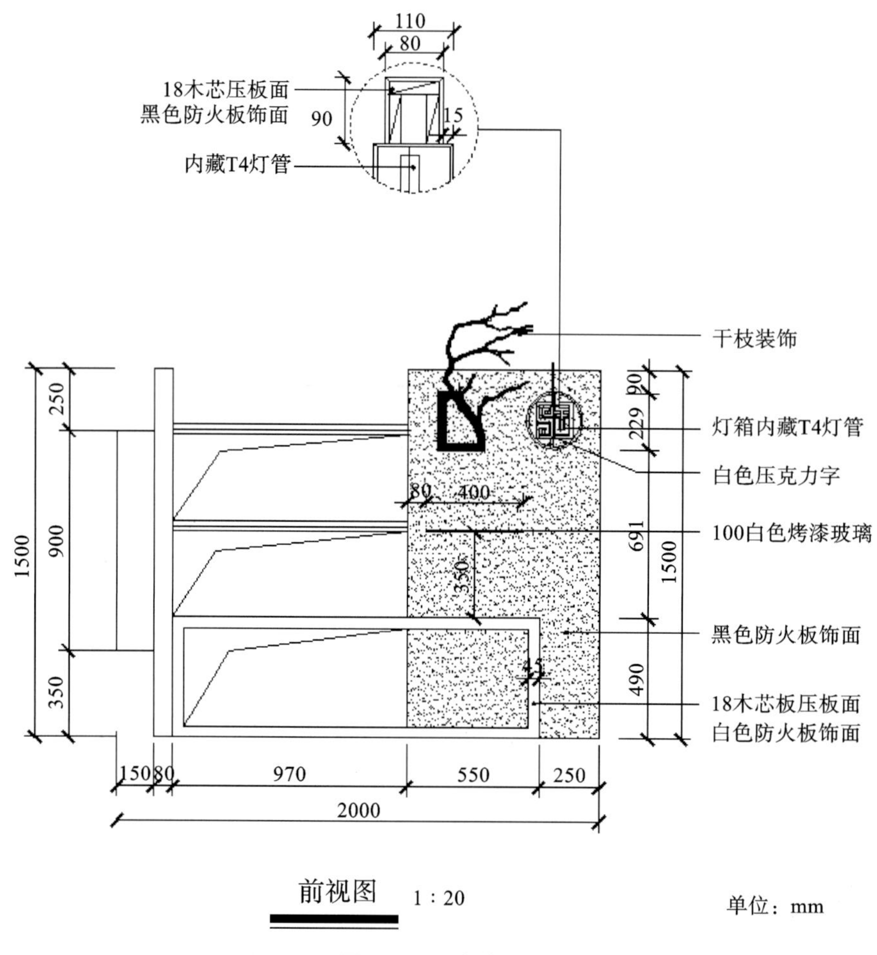

图 2-22　展台前视图

三、展台左视图的绘制 THREE

(1) 启动 AutoCAD 软件，对单位、绘图环境、图层、文字样式及标注样式等进行具体的设置。

(2) 将“墙体”的图层设置为当前层，选择“绘图”当中的“直线/矩形”命令或者输入快捷键“L/REC”，以及“偏移、复制、阵列和剪切”等命令，根据具体尺寸对展台左视图的柜体轮廓线及展柜进行绘制，如图 2-23 所示。

(3) 选择“插入块”命令，插入亚克力标志的图块到图中合适的位置，如图 2-24 所示。

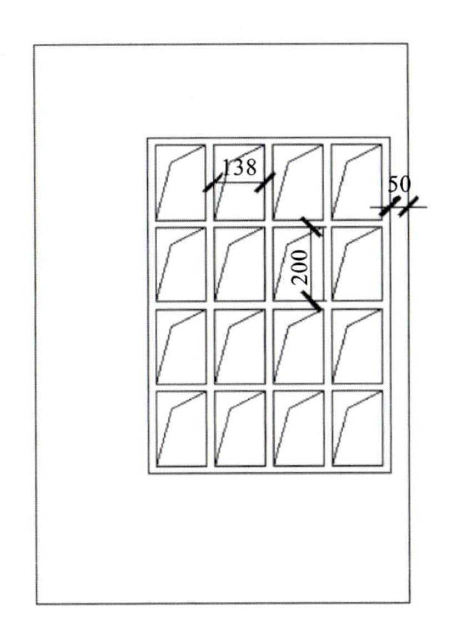

图 2-23 绘制柜体

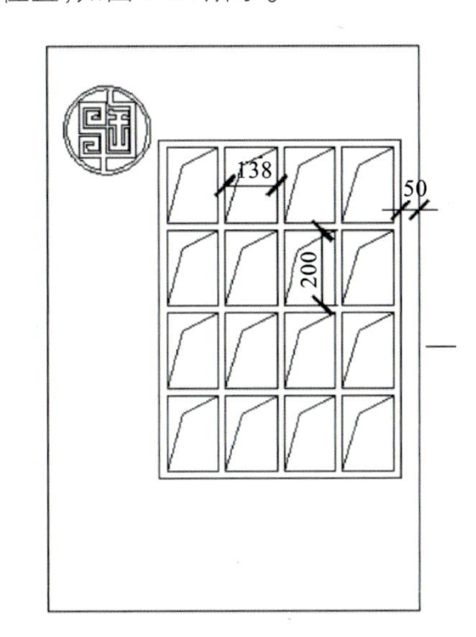

图 2-24 插入图块

(4) 将“文本”的图层设置为当前层，利用“标注”当中的“引线”对防火板饰面材料及其标志进行引线文本的具体标注，如图 2-25 所示。

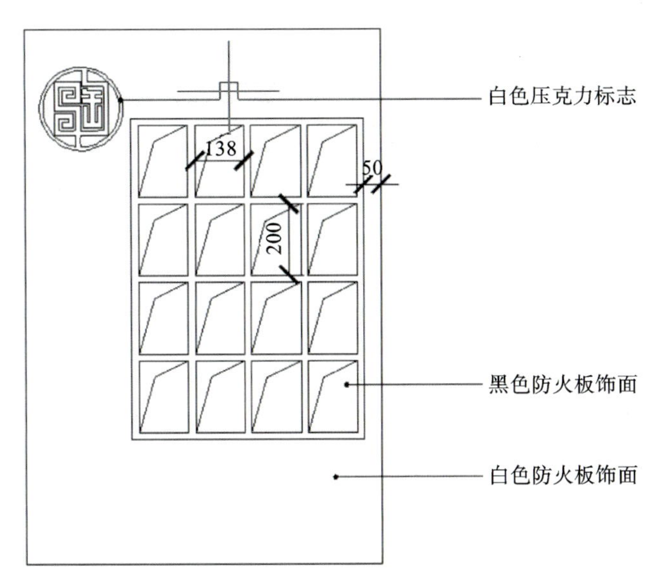

图 2-25 标注文本

(5) 将“标注”的图层设置为当前层，利用标注工具当中的“线性标注”及“连续标注”对展台前视图进行详细的尺寸标注。

最终完成展台施工图左视图的绘制，如图 2-26 所示。

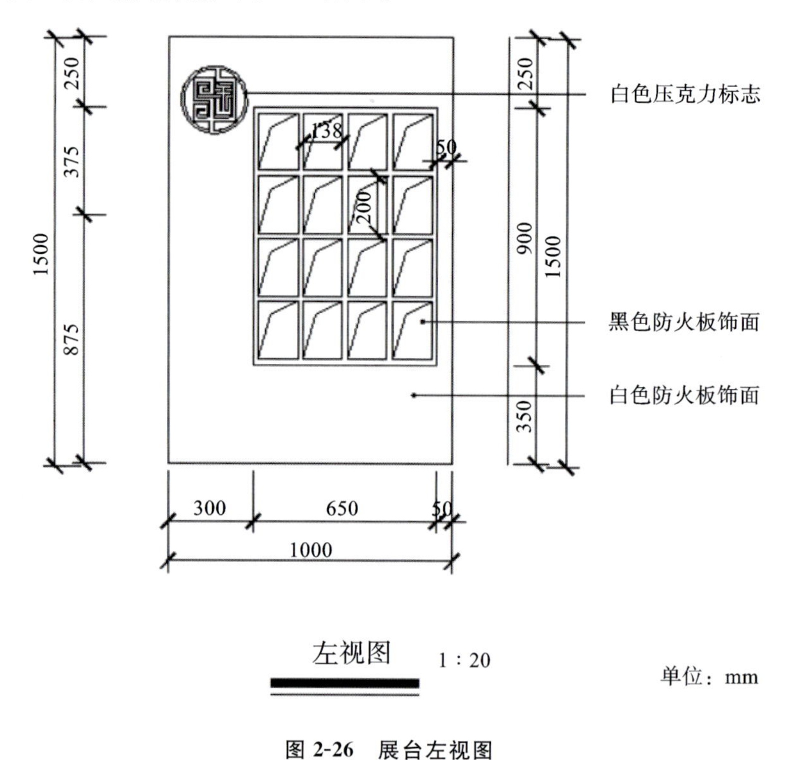

图 2-26　展台左视图

四、展台右视图的绘制 FOUR

(1) 启动 AutoCAD 软件，对单位、绘图环境、图层、文字样式及标注样式等进行具体的设置。

(2) 将“墙体”的图层设置为当前层，选择“绘图”当中的“直线”/“矩形”命令或者输入快捷键“L/REC”，以及“偏移、复制和剪切”等命令，根据具体尺寸对展台右视图的展台右侧轮廓线及标志进行绘制，如图 2-27 所示。

(3) 选择“图案填充”命令或者输入快捷键“BH”，对展台黑色防火板饰面以及烤漆玻璃进行图案填充，如图 2-28所示。

图 2-27　柜体轮廓线

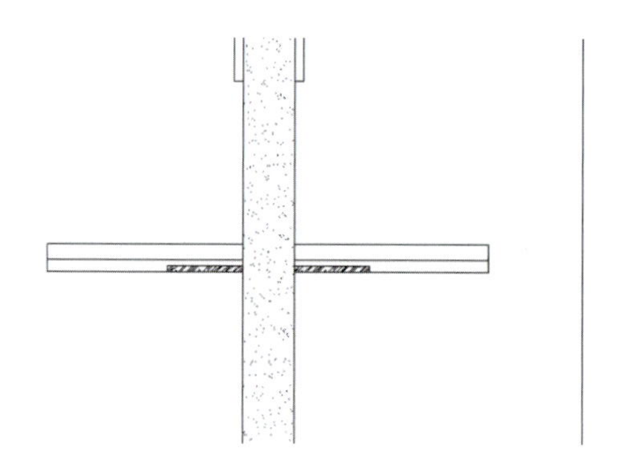

图 2-28　图案填充

(4) 转换图层至“图框”，利用多段线“PL”命令，设定线宽“8”，对剖切符号进行绘制。新建图层，使用“绘图”中的画圆“C”命令绘制具体详图，绘制区域为一个半径300的圆，设置其线型为虚线，如图2-29和图2-30所示。

(5) 将“剖面”设置为当前层，利用“直线、剪切”命令对展台剖切部位的饰面和灯管进行具体绘制，如图2-31所示。

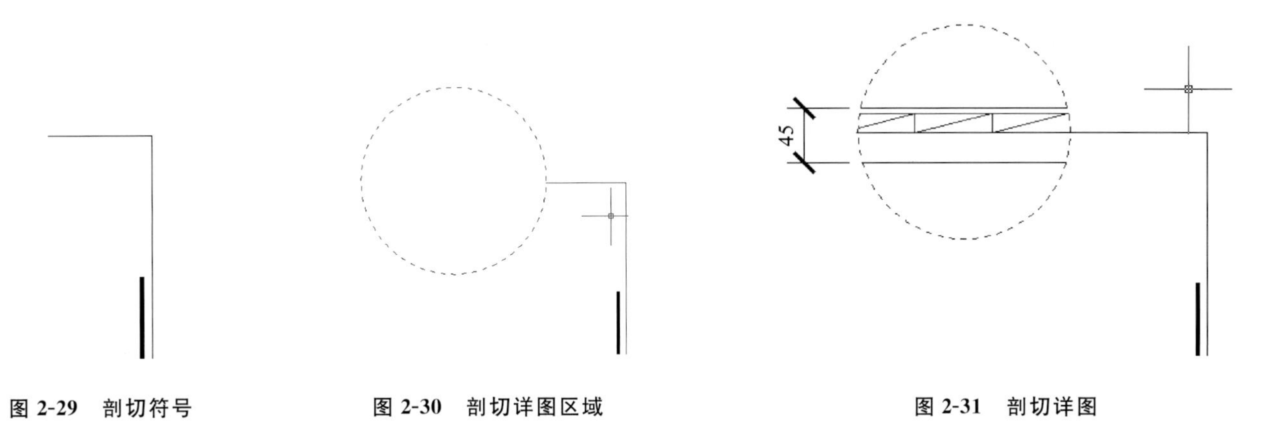

图2-29 剖切符号　　图2-30 剖切详图区域　　图2-31 剖切详图

(6) 将“文本”的图层设置为当前层，利用“标注”当中的“引线”对放大的详图以及所有的材料进行引线文本的具体标注，如图2-32所示。

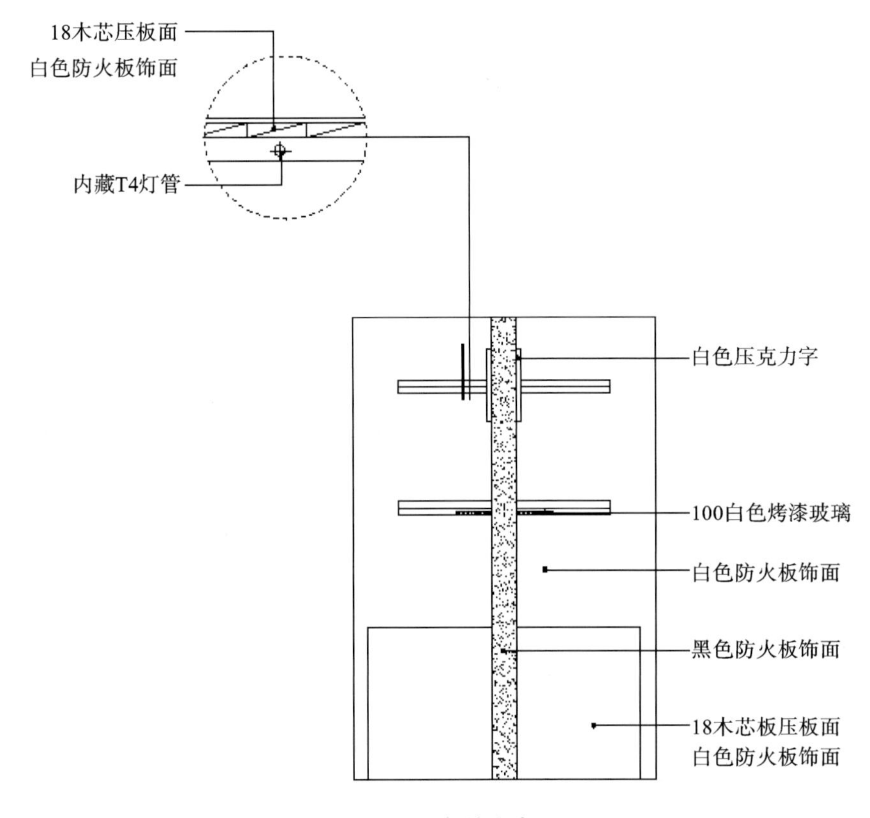

图2-32 标注文本

(7) 将“标注”的图层设置为当前层，利用标注工具当中的“线性标注”及“连续标注”对展台右视图进行详细的尺寸标注。

最终完成展台施工图右视图的绘制，如图2-33所示。

(8) 插入图框，完成所有展台施工图的绘制。

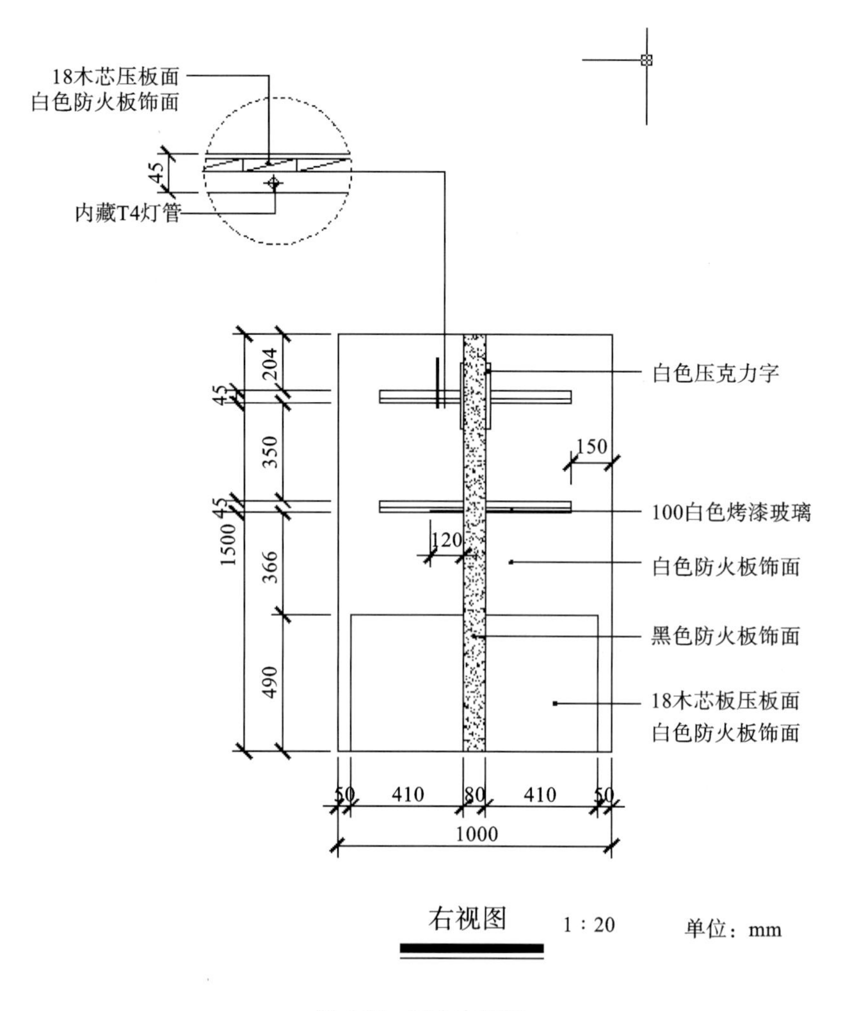

图 2-33　展台右视图

模块二

××视力办公室装修工程

学习目标

进一步学习施工图绘制，进一步加强制图规范的应用，使图示内容表达更加丰富。

技能目标

掌握 AutoCAD 绘制施工图的图示表达方法。

重　点

施工图绘制。

难　点

施工图的图示表达方法。

一、任务要求　ONE

根据案例“××视力办公室装修工程”设计文件，绘制“××视力办公室装修工程”施工图。扫描二维码可获取办公空间设计文件。

办公空间设计文件

二、办公设计要点　TWO

办公空间的最大特点是公共化，需要照顾到多个员工的审美需要和功能要求。办公室装修设计中必须把握的三个要素：团队空间、公共空间、空间设计。

1. 团队空间

把办公空间划分为多个团队区域（一般 3～6 人）空间，团队可以自行安排将它和别的团队区别开来的公共空间，用于开会、存放档案资料等，并按照成员间的交流与工作需要安排个人空间，在此基础上再精心设计公共空间。

2. 公共空间

目前有一些办公环境设计，公共部分较小，从电梯上来就进大堂，进办公环境，缺乏转化的过程。一个良好的办公环境设计必须要有一种空间的过渡，不能只有过道、走廊，必须要有环境，要有一个从公共空间过渡到私人空间的过程。当然有些客户会觉得这样很浪费，其实这完全是另一个概念。比如可以把电梯门口部分设计为会客厅或者洽谈室，同样实现了公共空间和私人空间的分隔，形成不同的节奏。作为公共空间，不仅要有正式的会议室等公共空间，而且要有非正式的公共空间，如舒适的茶水间、刻意空出的角落等。非正式的公共空间可以让员工自然地碰面，其不经意中聊出来的点子常常超出在一本正经的会议中的讨论结果，也使员工间的交流得以加强；同时办公空间要赋予员工以自主权，使其可以自由地装扮其个人空间。除此之外，写字楼的空间设计还必须注意平面空间的实用效率，而这也正是很多设计师在进行办公环境设计时所忽略的问题。

3. 空间设计

在进行办公环境设计的时候，往往一个项目所提供的实用率水平，首先包括柱的位置、柱子外的空间。一般来说，方形或者长方形的写字楼是比较好用的。其次，由电梯、消防、卫生间等设施构成的核心筒在整个平面中的大小，以及核心筒和外墙的距离，都决定着写字楼的内部空间实用率（超高层达到 70%就比较好）。所以在进行办公环境设计时必须科学考虑洗手间、电梯等配套设施构成的辅助空间是否能满足使用需求。另外，电机、空调等设备的选用，对核心筒的设计乃至内部空间的实用率有直接的影响。而对使用者来说，对平面空间的使用应该有一定的预想，以发展的眼光来看待自身商务办公功能、规模的变化。在装修过程中，尽量对空间采取灵活的分割，对柱子的位置、柱外空间要有明确的认识和使用目的。

三、创建统一制图规范的模板文件 THREE

（一）任务要求

根据本节所示内容对 AutoCAD 进行统一的设置，并统一保存为“dwt”模板文件，在以后章节任务中调用。相关图的 dwg 文件可扫二维码获取（设计文件见附录二实践应用之××视力办公室装修工程设计文件）。

（1）平面图图层设置如图 2-34 所示。

（2）立面图图层设置如图 2-35 所示。

（3）剖面、详图图图层设置如图 2-36 所示。

（4）其他图层设置如图 2-37 所示。

图 2-34 至图 2-37 的 dwg 文件

（二）符号设置

符号设置如图 2-38 所示。

（三）材料表设置

材料表设置如图 2-39 所示。

（四）填充设置

填充设置如图 2-40 所示。

（五）图框

外部参照是指将一幅图以参照的形式引用到另外一个或多个图形文件中，外部参照每次改动后的结果都会及时地反映在最后一次被参照的图形中，另外使用外部参照还可以有效地减少图形的容量，因为当用户打开一个含有外部参照的文件时，系统仅会按照记录的路径去搜索外部参照文件，而不会将外部参照作为图形文件的内部资源进行储存。

外部参照与图块有着实质性的区别，用户一旦插入图块，此图块就永久地被插入当前图形中，并不随原始图形的改变而更新，而外部参照并不是直接将图形信息加入到当前图形文件中，而只是记录引用的关系和路径，与当前文件建立一种参照关系。

1. 外部参照的作用

标准化：图纸中有的内容是不变或统一变化的。例如图框，所有图纸的图框都是一样的，这是可以用模板、块的，但应用外部参照的话，如果修改了图框，图纸的图框就会自动更新。

协同设计：画上面的三视图，一个人足矣。但如果画很复杂的图纸，就需要一人画一部分，大家协同合作，比如三个技术员画三个部分，工程师用外部参照看他们画的对错和进度，就很方便。在工程师处显示的是三个图，而每

BASE LAYER			
NAME	COLOR	LINEWEIGHT	NOTE
0			截图块定义在D层
ID–QUESTION	2	0.18	用于技术问题沟通的标注
ID–REVISION	2	0.18	变更层
ID–AXIS	1	0.13	轴线
ID–AXIS–TEXT	1	0.13	轴线文字
ID–COLUMN	4	0.45	结构柱
ID–WALL	7	0.45	墙体
ID–WALL–H	7	0.45	1500 mm以上 矮墙
ID–WALL–L	140	0.3	1500 mm以下 矮墙
ID–WALL–HATCH	5	0.1	墙体填充
ID–WALL–DEMO	5	0.1	墙体拆除
ID–WALL–FINISH	147	0.35	墙体装修完成面
ID–DOORS	2	0.18	门
ID–DOORFRAME	9	0.18	门框
ID–WINDOW	5	0.1	窗
ID–FIXTURE	43	0.18	浴室配件
ID–STAIR	1	0.13	楼、电梯
ID–TXT–C	3	0.13	中文标注
ID–TXT–E	3	0.13	英文标注
FF			
ID–FF	6	0.2	活动家具
ID–FF–ACCESSORIES	53	0.18	附属家具（台&地灯、电视、艺术品等）
ID–FF–CURTAIN	53	0.18	窗帘（可在平面天花同时显示）
ID–FF–DIM	1	0.13	家具平面尺寸标注
ID–FF0MLLWORK	140	0.3	固定家具装置
ID–FF–TAG	142	0.18	家具编号
ID–FF–HATCH	5	0.1	家具填充
ID–FF–TXT	43	0.18	家具文字
ID–FF–RC OUTLINE	40	0.18	顶面虚线，用于在平面图中表示顶部轮廓
ID–DOOR–NUM	1	0.13	门号
RC			
ID–RC	40	0.18	顶面
ID–RC–DIM	43	0.18	顶面尺寸标注
ID–RC–LIGHT	2	0.18	顶面照明
ID–RC–TAG	142	0.18	天花材料，标高标注
ID–RC–HATCH	5	0.1	顶面图案填充
ID–RC–AIR	40	0.18	顶面风口
ID–RC–SD	5	0.1	顶面烟感
ID–RC–SP	5	0.1	顶面喷淋
ID–RC–TXT	3	0.13	顶面文字标注
FC			
ID–FC	9	0.18	铺地平面
ID–FC–PLAN	9	0.18	铺地平面（平面布置图可以显示）
ID–FC–DIM	43	0.18	铺地尺寸标注
ID–FC–HATCH	251	0.1	铺地填充
ID–FC–TAG	142	0.18	铺地材料编号
AR			
ID–AR–DIM	1	0.13	墙体尺寸标注
ID–AR–TAG	1	0.13	墙体其他标注
EM			
ID–EM–FF	5	0.1	虚线家具平面
ID–EM	6	0.2	机电
ID–EM–DIM	43	0.18	机电尺寸标注
ID–EM–TXT	2	0.18	机电文字
ID–EM–TAG	1	0.13	机电编号
RF			
ID–RF	142	0.18	立面索引

图 2-34　平面图图层设置

IE			
NAME	COLOR	LINEWEIGHT	NOTE
ID-IE	142	0.18	立面图一般线、看线
ID-IE	4	0.45	立面图剖线
ID-IE	140	0.30	立面图转折线、主要线
ID-IE	5	0.1	立面分缝线
ID-IE	251	0.1	立面图案填充
ID-IE-JLINE	5	0.1	立面分缝线
ID-IE-HATCH	251	0.1	立面图案填充
ID-IE-DIM	1	0.13	立面尺寸标注
ID-IE-TAG	1	0.13	立面材料标注
ID-IE-RF	1	0.13	立面索引
ID-IE-TITLE	1	0.13	立面图名称

图 2-35　立面图图层设置

DT			
NAME	COLOR	LINEWEIGHT	NOTE
ID-DT	142	0.18	节点
ID-DT-TXT	1	0.18	节点文字标注
ID-DT-DIM	1	0.18	节点尺寸标注
ID-DT-HATCH	251	0.1	节点图案填充
ID-DT-OUTLINE	140	0.3	节点轮廓线
ID-DT-CON	41	0.18	节点-结构层
ID-DT-TAG	1	0.18	节点材料标注
ID-DT-TITLE	3	0.13	节点图名称
ID-DT-RF	1	0.13	节点索引

图 2-36　剖面详图图层设置

SHEET			
NAME	COLOR	LINEWEIGHT	NOTE
ID-SHEET	253	0.3	图签及填写的文字

图 2-37　其他图层设置

个技术员只管一个图。外部参照为协同设计提供了方便，不然的话，三个人要一起把图拿到工程师那里去。

2. 切实理解块和外部参照的区别

如果一个小图形在大图纸中反复出现，比如建筑平面图中的门窗，这时先画好门窗，做成块，在画大图时用“插入块”把事先做好的门窗块插进来，避免重复画小图，块插入后就成了大图的一部分，随着大图一道保存。块是被

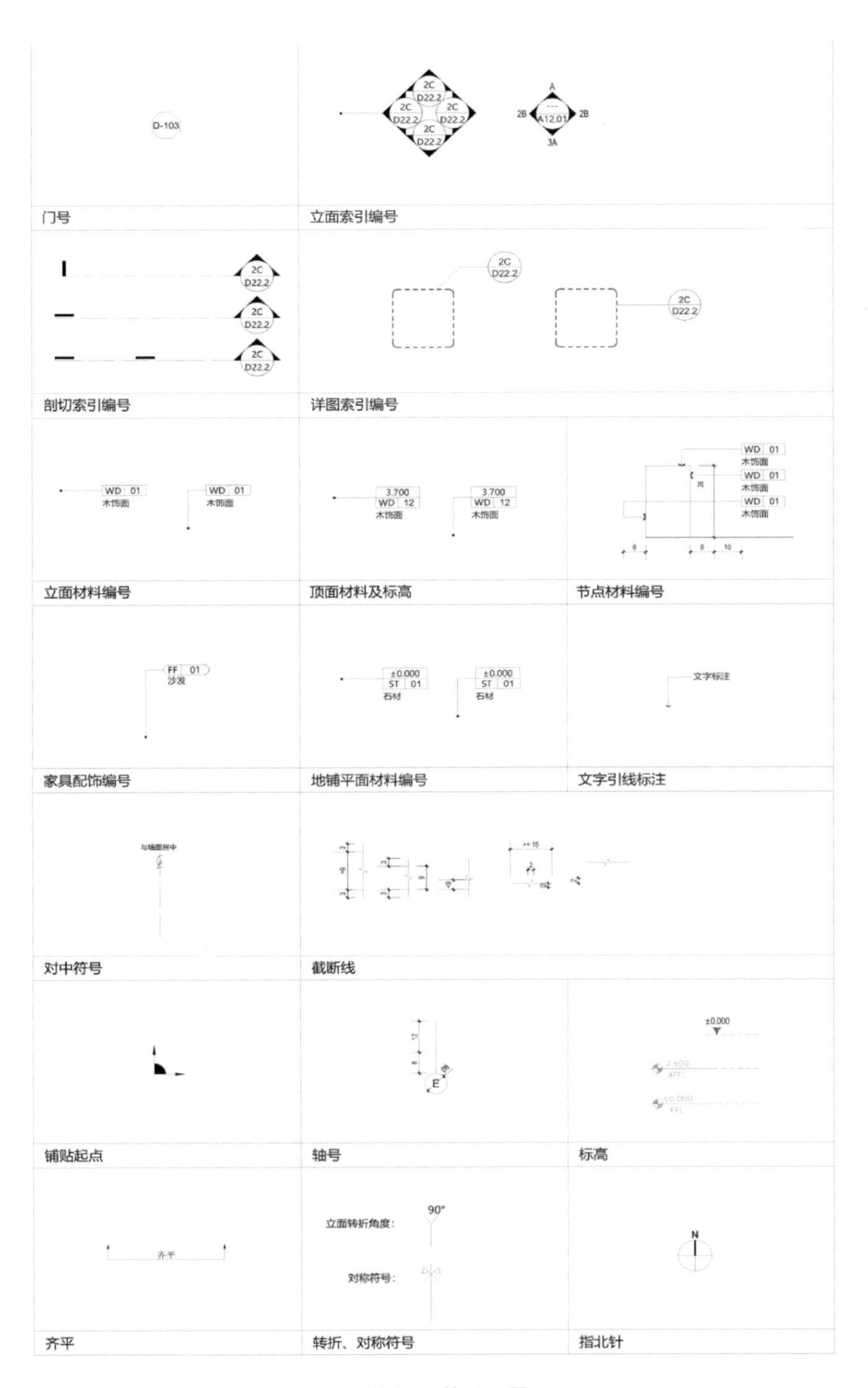

图 2-38　符号设置

插入的，不是调用，而外部参照是调用而不是插入。

3. 方法步骤

(1) 绘制图框，保存为“图框参照.dwg”文件，如图 2-41 所示。

(2) 新建“平面图.dwg”文件，在“插入”菜单找到“外部参照”点击，如图 2-42 所示。

(3) 跳出外部参照对话框，点击图标，选择附着 DWG，如图 2-43 所示。

(4) 弹出“选择参照文件”对话框，选择“图框参照.dwg”文件，点打开，如图 2-44 所示。

序号	材料分类	材料编号	名称	使用区域	材料描述
01	涂料类	PT 01	白色乳胶漆	总体	
		PT 02	浅灰色乳胶漆	总体	现有天花涂料颜色
02	地毯类	CP 01	灰色方块地毯	公共区域	
03	织物类	FA 01	软包	卡座	蓝色软包
		FA 02	软包	卡座	黄色软包
		FA 03	吸音板	会议室	
04	玻璃类	GL 01	玻璃隔断	公共区域	
		GL 02	白色背漆玻璃	会议室	
05	木作类	WD 01	木格栅	公共区域	
		WD 02	木饰面板	公共区域	
		WD 03	彩色做旧木板	水吧台	
06	石材类	MA 01	灰色人造石	茶水间	
07	其他类	MT 01	黑色金属板	踢脚线	
		MT 02	黑色铝方通	天花格栅	
		MT 03	铝方通转印木纹	天花格栅	
		SE 01	水泥自流平	公共区域	

图 2-39 材料表设置

wood floor	wood floor	carpet	carpet	glass	mirror	water	stone	stone	mosaic
木地板	木地板	地毯	地毯	玻璃	镜面	水面	砾石	文化石毛石	马赛克
WF	WF	CP	CP	GL	MR		ST	ST	MC
paint	wood floor	wall covering	wall covering	fabric	upholstery	fabric			wood
乳胶漆	肌理涂料	壁纸	壁纸	硬包	软包	织物	竹帘	竹席	木饰面
PT	PT	WC	WC	FB	UP	FB			WD
ceramic tile	ceramic tile	ceramic tile	stone	stone	stone	cement	concrete	ferroconcrete	
瓷砖300	瓷砖600	瓷砖800	花岗岩/砖石	花岗岩/砖石	砖石	水泥	混凝土	钢筋混凝土	加气混凝土
CT	CT	CT	ST	ST	ST	CM			
wood	wood	wood	marble	marble	marble	metal	metal	brick	
木饰面	木饰面	木饰面	大理石	大理石	大理石	金属	金属	砖	
WD	WD	WD	ST	ST	ST	MT	MT	BR	

图 2-40 填充设置

图框参照.dwg

图 2-41 保存为“图框参照. dwg”文件

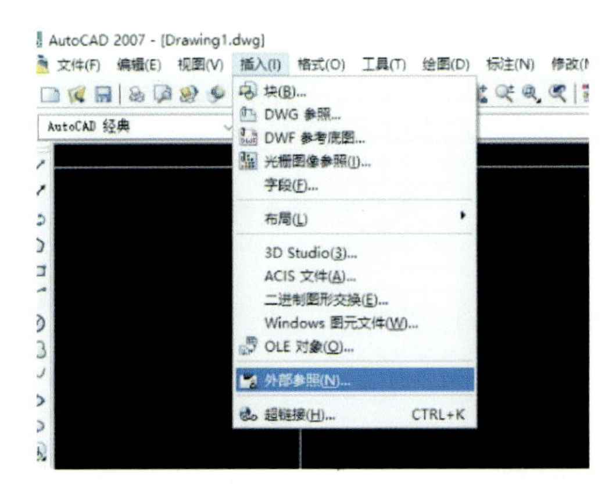

图 2-42 外部参照

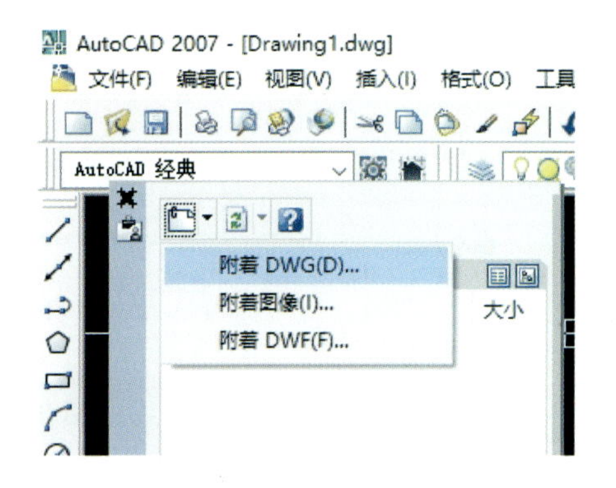

图 2-43 附着 DWG

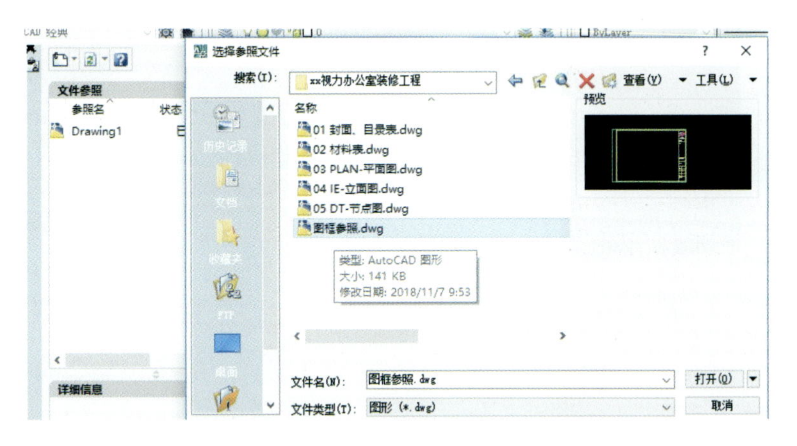

图 2-44 选择“图框参照. dwg”文件

(5) 弹出“附着外部参照”对话框，路径类型选择“相对路径”，参照类型选择“附着型”，点击确定，如图 2-45 所示。

(6) 在窗口点选插入基点，创建完成，如图 2-46 所示。

(六) 块属性创建

在 AtuoCAD 图形中经常会使用到相同的图形，如标高符号。定义块后，可以在图形中根据需要多次插入块参照。

(1) 点击菜单栏中的“绘图”命令，选择“块”中的“定义属性”，如图 2-47 所示。

(2) 弹出“属性定义”对话框，依次在标记、提示、文字选项中填写、选择，如图 2-48 所示，点击确定。

(3) 设置完成之后，点击图框中图纸名称处，确定参数的位置，并依次在比例、图号处插入相应信息，如图 2-49 所示。

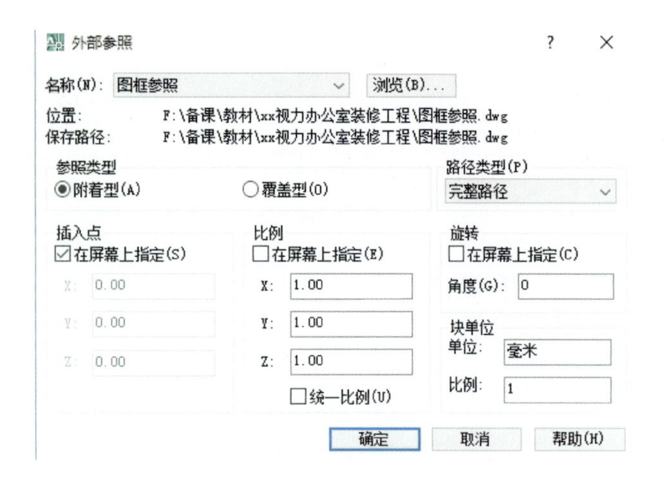

图 2-45 “附着外部参照”对话框

图 2-46 插入基点

图 2-47 选择“定义属性”

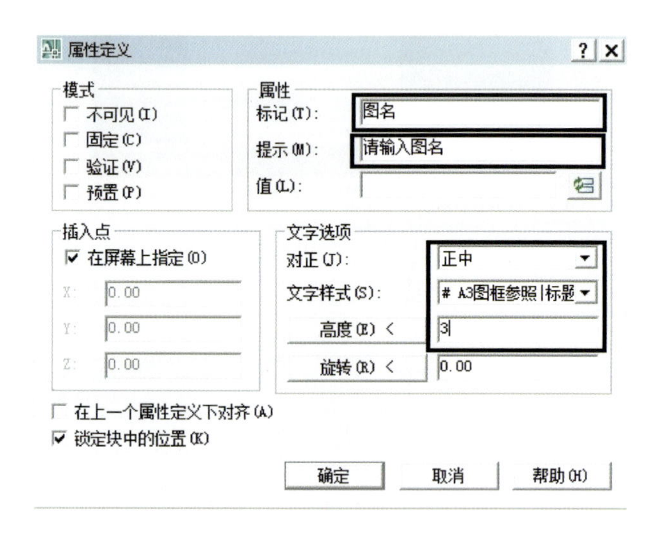

图 2-48 “属性定义”对话框

(4) 捕捉绘制图框大小矩形，将其放在软件默认不打印图层，如图 2-50 所示。

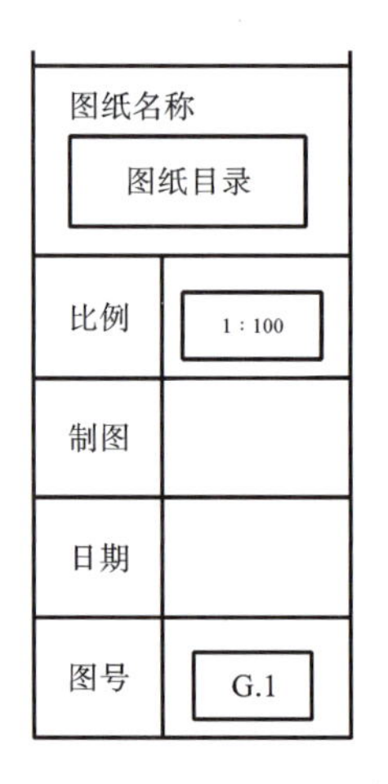

图 2-49 插入相应信息

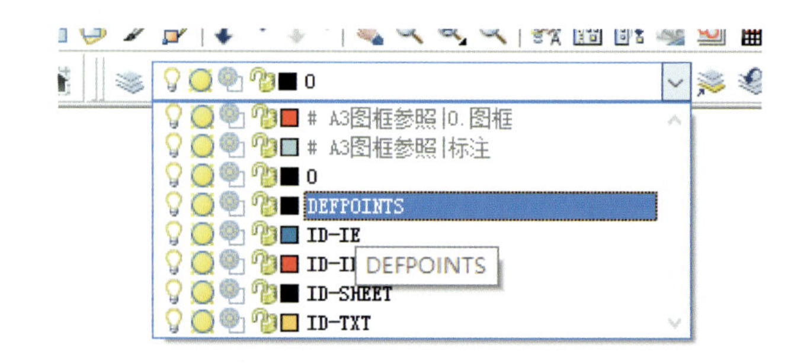

图 2-50 选择“不打印图层”

(5) 选择不打印线框以及文字信息，执行“创建块”命令，创建为块，命名为“信息填写”，点击确定，如图 2-51 所示。

(6) 在弹出的对话框中，进行进一步信息填写，如图 2-52 所示。

图 2-51　块定义

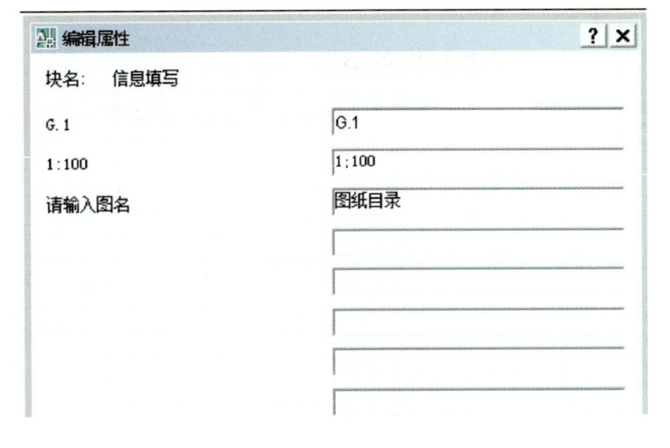

图 2-52　信息填写

(7) 执行“插入快”命令，可对不同图纸进行信息的填写与修改，如图 2-53 至图 2-55 所示。

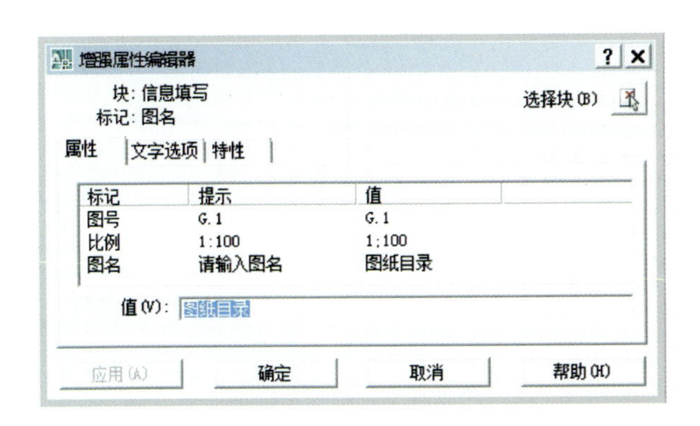

图 2-53　修改块属性

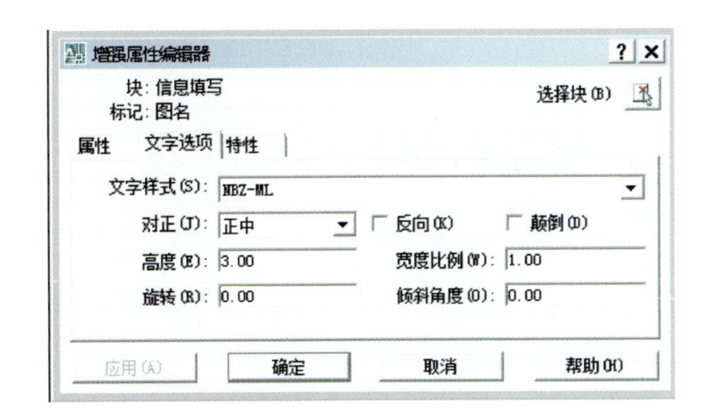

图 2-54　修改块文字选项

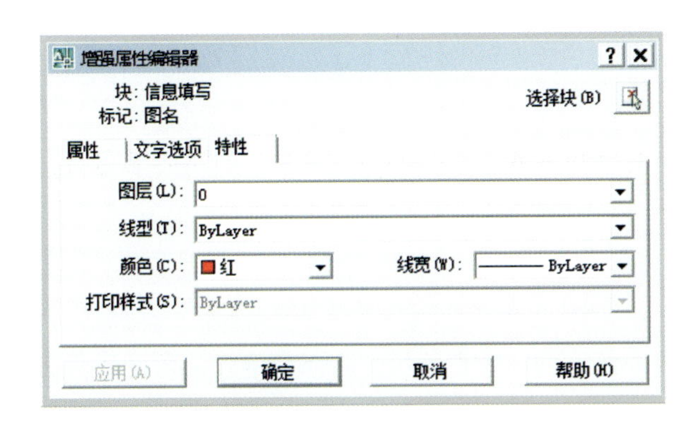

图 2-55　修改块特性

四、施工图绘制　FOUR

参照“××视力办公室装修工程”效果图、施工图、现场照片，进行施工图的绘制，并符合装饰施工图图示要求。

(一) 平面布置图

1. 平面布置图的形成

平面布置图是假想用一水平的剖切平面，沿需装饰的房间的门窗洞口处作水平全剖切，移去上面部分，对剩下部分所做的水平正投影图。

平面布置图的比例一般采用 1 : 100、1 : 50，内容比较少时采用 1 : 200。

剖切到的墙、柱等结构体的轮廓用粗实线表示，其他内容均用细实线表示。

2. 平面布置图示内容

(1) 图示尺寸内容有三种：一是建筑结构体的尺寸；二是装饰布局和装饰结构的尺寸；三是家具、设备等的尺寸。

(2) 表明装饰结构的平面布置、具体形状及尺寸，表明饰面的材料和工艺要求。

(3) 室内家具、设备、陈设、织物、绿化的摆放位置及说明。

(4) 表明门窗的开启方式及尺寸。

(5) 画出各面墙的立面投影符号(或剖切符号)。

(二) 顶棚平面图

1. 顶棚平面图的形成

用一个假想的水平剖切平面，沿需装饰房间的门窗洞口处作水平全剖切，移去下面部分，对剩余的上面部分所做的镜像投影，就是顶棚平面图。

镜像投影是镜面中反射图像的正投影。

顶棚平面图用于反映房间顶面的形状、装饰做法及所属设备的位置、尺寸等内容。

2. 图示内容

(1) 反映顶棚范围内的装饰造型及尺寸。

(2) 反映顶棚所用的材料规格、灯具灯饰、空调风口及消防报警等装饰内容及设备的位置等。

(三) 装饰立面图

1. 装饰立面图的形成

将建筑物装饰的外观墙面或内部墙面向铅直的投影面所做的正投影图就是装饰立面图。

装饰立面图主要反映墙面的装饰造型、饰面处理，以及剖切到的顶棚的断面形状和投影到的灯具或风管等内容。

装饰立面图所用比例为 1 : 100、1 : 50 或 1 : 25。室内墙面的装饰立面图一般选用较大比例，为 1 : 80。

2. 图示内容

(1) 在图中用相对于本层地面的标高，标注地台、踏步等的位置尺寸。

(2) 顶棚面的距地标高及其叠级(凸出或凹进)造型的相关尺寸。

(3) 墙面造型的样式及饰面的处理。

(4) 墙面与顶棚面相交处的收边做法。

(5) 门窗的位置、形式及墙面、顶棚面上的灯具及其他设备。

(6) 固定家具、壁灯、挂画等在墙面中的位置、立面形式和主要尺寸。

(7) 墙面装饰的长度及范围，以及相应的定位轴线符号、剖切符号等。

(8) 建筑结构的主要轮廓及材料图例。

(四) 装饰剖面图及节点详图

1. 装饰剖面图的形成

装饰剖面图是将装饰面（或装饰体）整体剖开（或局部剖开）后，得到的反映内部装饰结构与饰面材料之间关系的正投影图。

一般采用 1 : 10～1 : 50 的比例，有时也画出主要轮廓、尺寸及做法。

2. 节点详图

节点详图是针对前面所述各种图样中不明之处，用较大的比例画出的用于施工图的图样（也称作大样图）。

五、打印输出 FIVE

任务要求：选择一种打印机进行打印输出，要求打印比例、线宽、颜色等设置准确。

画图前就要考虑打印的需要，要用多大纸张，打印比例应该设置成多少，打印后的字高、线宽、颜色应该怎样设置，在绘制图形的时候，这些为打印而做的准备工作也不少。

要想正确地打印图形，不仅是打印设置要正确，关键在绘图时就要做好与打印相关的设置。

AutoCAD 的打印对话框相对比较复杂，可以打印为二维纸质材料，也可以输出为图片、文档等格式。这里以打印 JPG 格式的图片为例讲一下打印的基本设置和常见的注意事项。

(一) 打印

当绘制完图纸后，就可以开始打印，虽然打印要求各不相同，但基本操作步骤是一样的。

在文件下拉菜单中选择“页面设置管理器(G)...”，如图 2-56 所示。

图 2-56 选择页面设置管理器

（二）页面设置

在弹出的页面设置管理器面板中选择新建，在新建页面设置面板中输入新页面设置名“JPG”，单击确定，如图2-57所示。

图 2-57　新建页面设置“JPG”

（三）选择打印机/绘图仪

打印的第一步就是选择打印机/绘图仪，其实就是选择一种用于输出的打印驱动。

打印驱动分为两种。

一种是可以打印纸张的打印设备，包括小幅面的打印机和大幅面的绘图仪。可以是直接装在系统的打印驱动，也可以是 AutoCAD 内置的驱动。

另一种是可以打印输出文件的虚拟打印驱动，例如用于输出 PDF、JPG、EPS、DWF 等各种文件的驱动。

内置打印驱动和虚拟打印驱动可以在“文件”菜单下通过绘图仪管理器添加。

选择“JPG. pc3”打印机，如图 2-58 所示。

（四）选择纸张

选择打印机后，下面的纸张列表就会更新为打印机支持的各种纸张，一般情况下在这个下拉列表中选取就好了。如果使用大幅面绘图仪，可以自己定义纸张尺寸，有些设计单位甚至打印过 15 米甚至更长的图纸。

纸张尺寸通常在画图之初就已经定好了，因为会根据打印纸张的大小选用对应的图框。有时在正式打印大幅面的图纸前也会用小打印机打印一张 A4 的检查一下图纸是否正确。

打印 JPG 图片对像素要求比较高，因此需要设置一个像素比较高的图纸尺寸。

单击“特性”，如图 2-59 所示，在弹出的绘图仪编辑器中点击“自定义图纸尺寸”，然后“添加”，如图 2-60 所示，选择“创建新图纸”，如图 2-61 所示，点击下一步，输入像素尺寸（7015 像素 × 4961 像素为 A3 图纸 300 像素），如图 2-62 所示，点击下一步完成设置。在图纸尺寸中选择新创建的图纸尺寸，如图 2-63 所示。

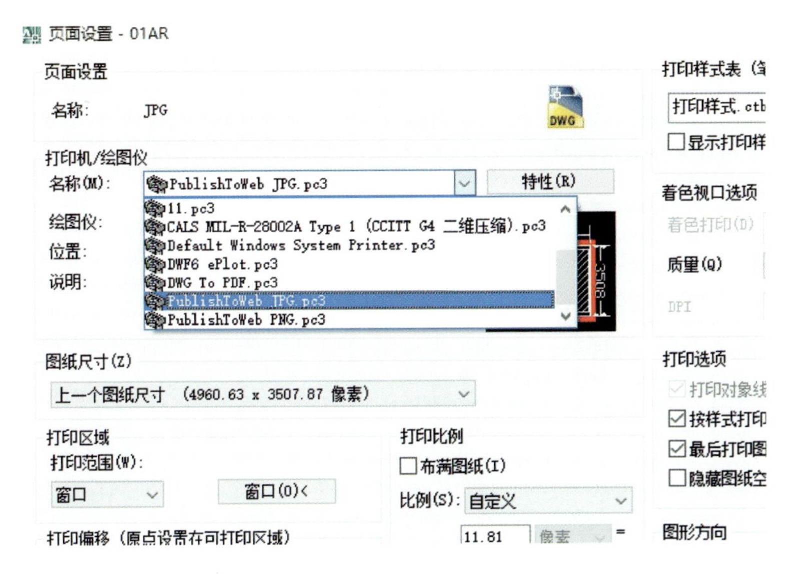

图 2-58 选择“JPG.pc3”打印机

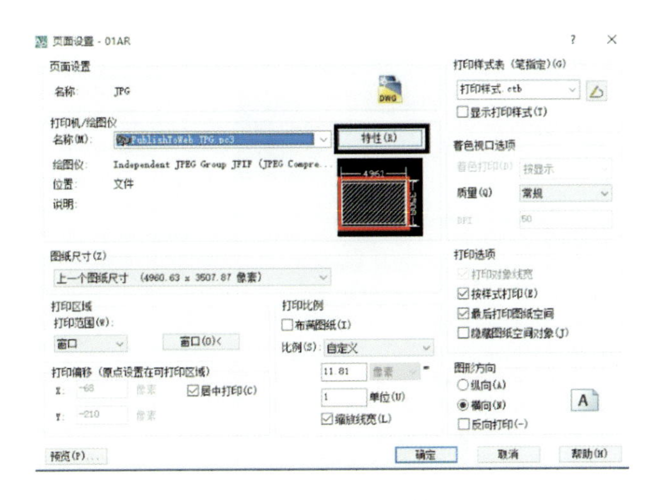

图 2-59 选择“特性”

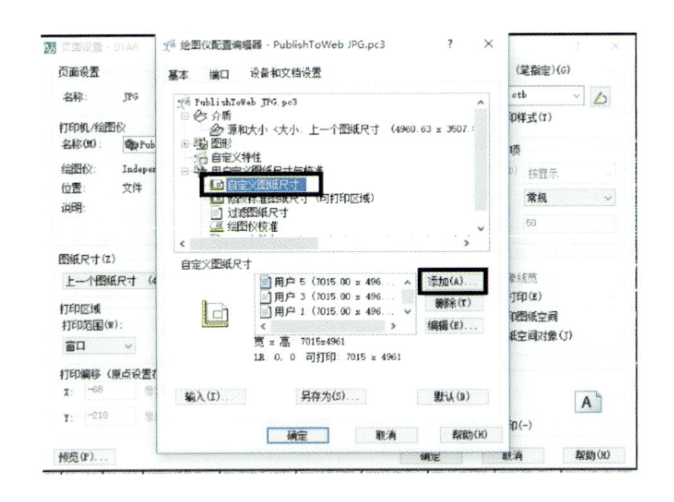

图 2-60 添加“自定义图纸尺寸”

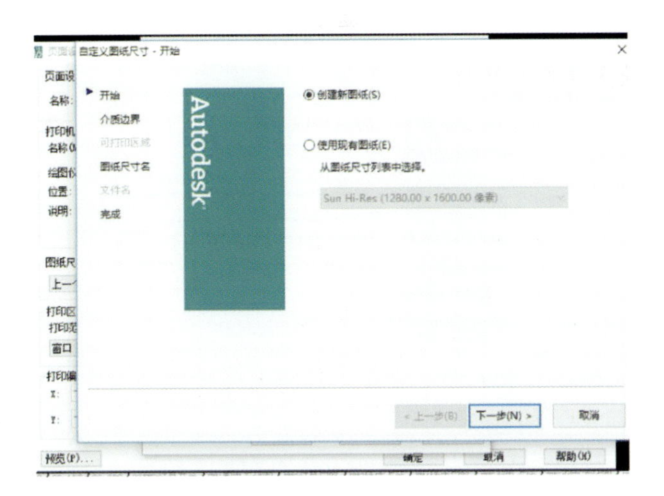

图 2-61 创建新图纸

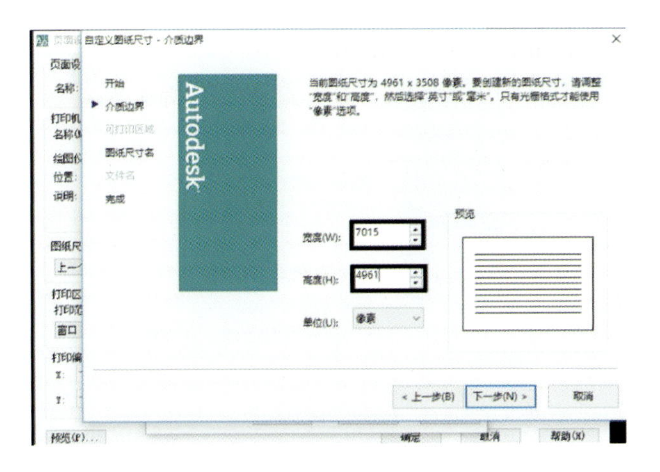

图 2-62 输入像素尺寸

(五)设置打印样式

如果对图形的输出颜色和线宽没有要求的话,纸张和比例设置合适后就可以打印了。

很多行业对打印颜色和线宽是有严格要求的,因此在绘图的时候就会根据需要设置不同的颜色或线宽值,然后在打印对话框里就可以通过打印样式表来设置输出的颜色和线宽了。

在打印样式下拉列表中选择打印样式,如单色打印请选择 Monochrome. ctb,如彩色打印请选择 acad. ctb,如灰度打印请选择 grayscale. ctb。这些预设的打印样式表只定义了常规的输出颜色,如果对输出颜色没有特殊需要,在图中通过图层或特性给图形设置好打印线宽,选择好打印样式表后就可以直接打印。

如果图中没有设置颜色,也没有设置线宽,可以在打印样式表中设置每种颜色(255 种索引色)的输出线宽,设置完后点"保存并关闭"即可。

在本案例中我们根据图 2-34 至图 2-37 所示打印样式表中的线宽 LINEWEIGHT 要求来进行设置。

(1) 在打印样式下拉列表中选择"新建打印样式",如图 2-64 所示。

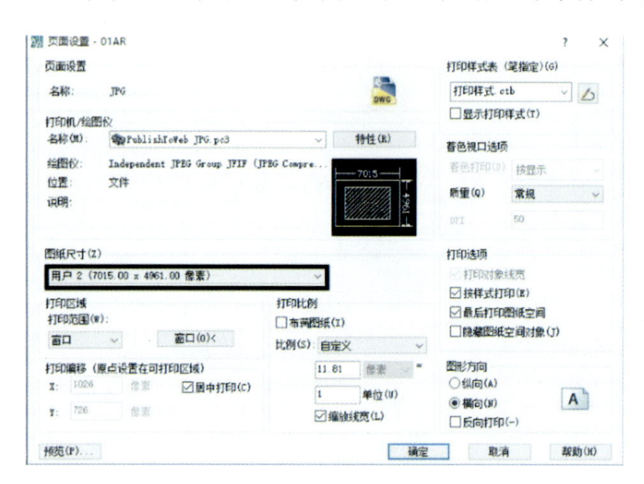

图 2-63　选择图纸尺寸

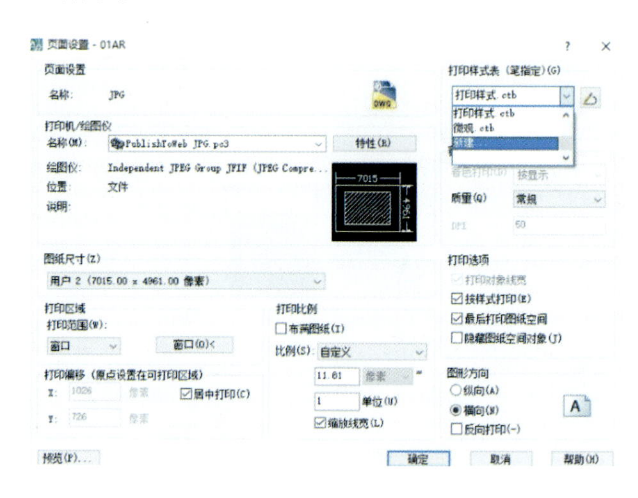

图 2-64　选择"新建打印样式"

(2) 在弹出的添加颜色相关打印样式表中,选择"创建新打印样式表",如图 2-65 所示,输入文件名"打印样式",如图 2-66 所示,完成创建。

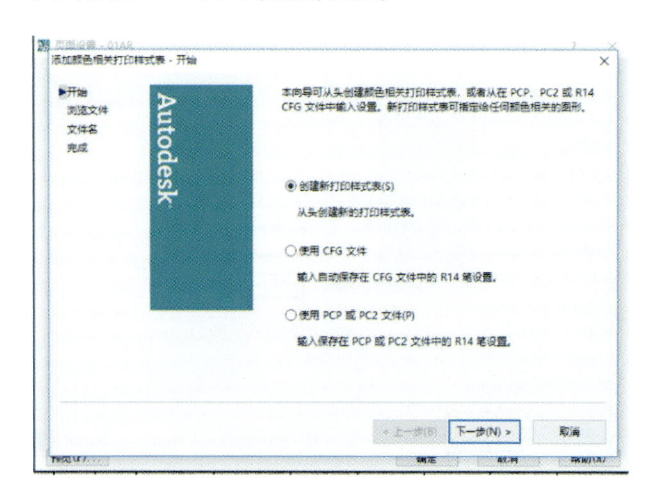

图 2-65　创建新打印样式

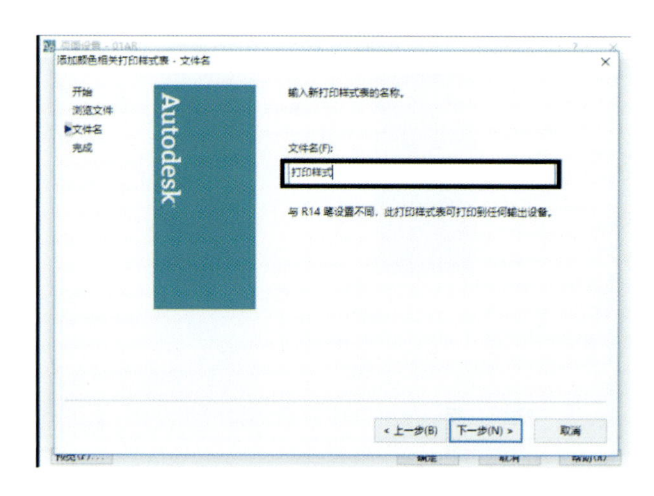

图 2-66　命名"打印样式"

选择新创建的"打印样式",点击"编辑按钮",如图 2-67 所示。

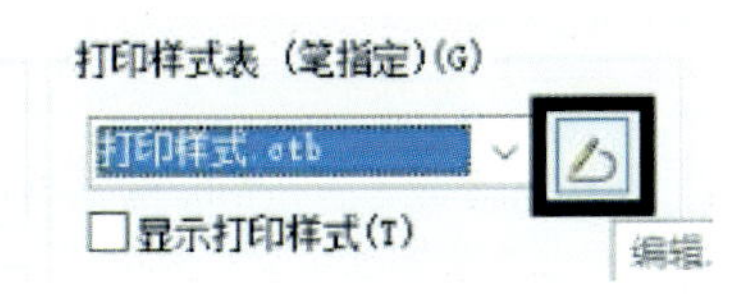

图 2-67　点击“编辑按钮”

（3）打印样式编辑器：在弹出的打印样式编辑器中，按键盘上的 Shift 键，选中所有的颜色，如图 2-68 所示，将特性颜色选择为黑色，线宽选择为 0.0500 毫米，如图 2-69 所示，单独选择某一颜色调整线宽，如图 2-70 所示，对照图 2-34 至图 2-36 所示的设置要求一一进行调整，保存并关闭。

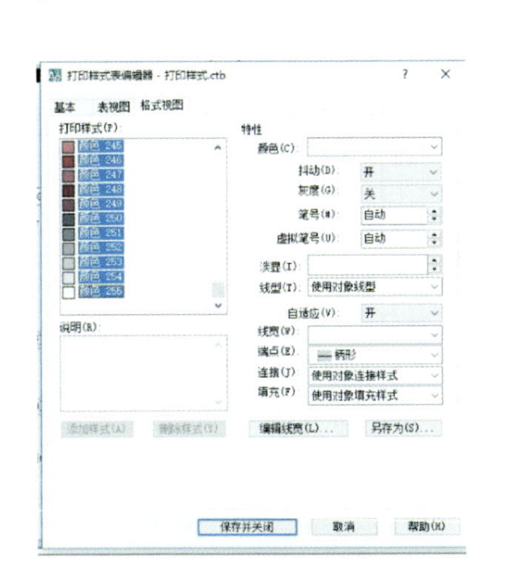

图 2-68　选择所有颜色

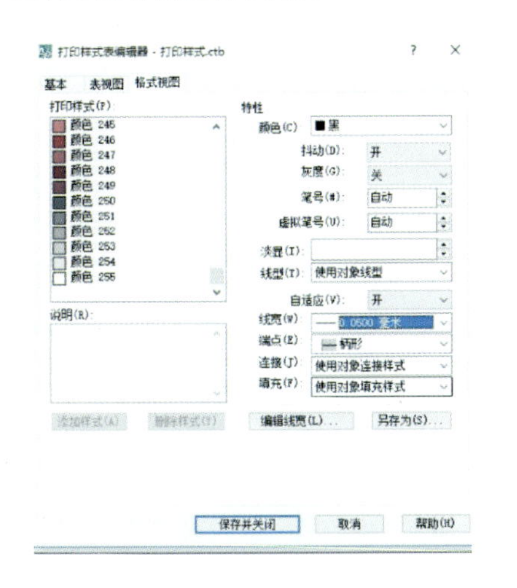

图 2-69　修改颜色、线宽

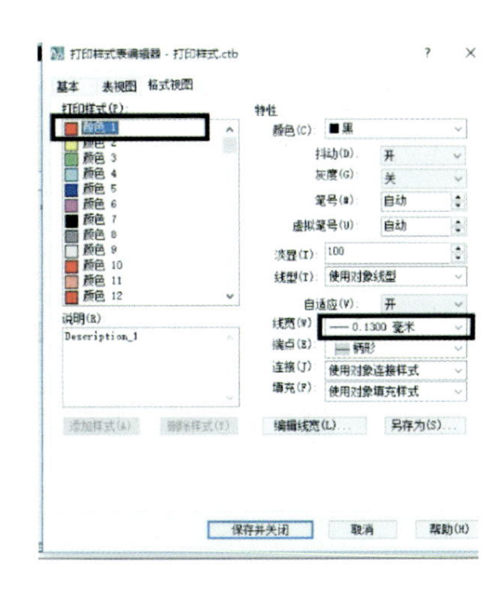

图 2-70　分别设置线宽

（六）设置打印区域

设置打印区域也就是要打印的图面区域，默认选项是显示，也就是当前图形窗口显示的内容，还可以将打印区域设置为窗口、范围（所有图形）、图形界限（LIMITS 设置的范围）。如果切换到布局的话，图形界限选项会变成布局。

窗口是用得比较多的方式，在下拉列表中选择“窗口”，打印对话框会关闭，命令行提示拾取打印范围的对角点，拾取完两点后会重新返回打印对话框，勾选“居中打印”“布满图纸”，如图 2-71 所示，单击确定完成页面设置。

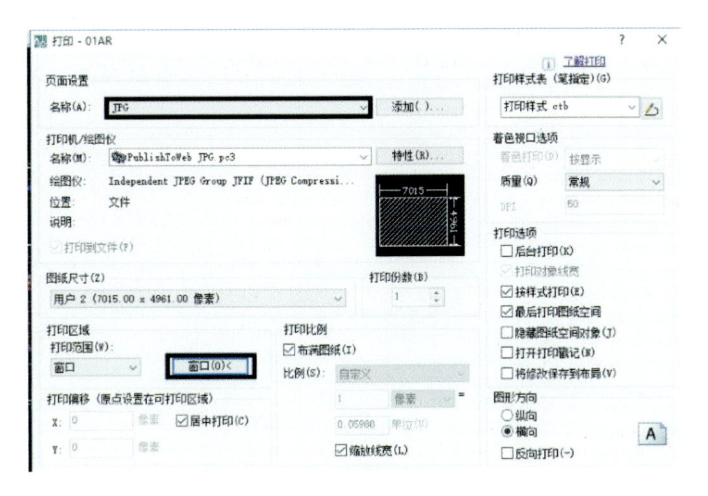

图 2-71　设置打印区域

（七）打印

执行“Ctrl + P”打印命令，选择新建的页面设置，点击打印，根据提示选择“保存路径”，完成打印，如图 2-72 所示。

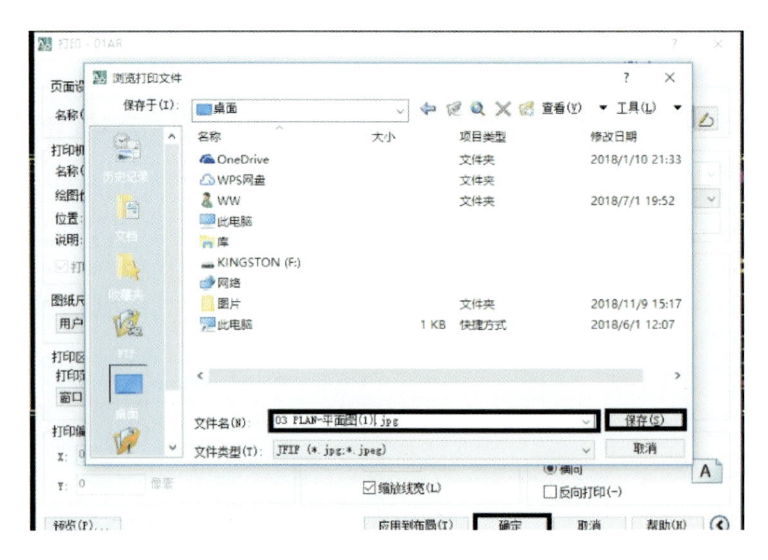

图 2-72　选择“保存路径”

模块三

普通居室施工图绘制

学习目标

能够读懂室内工程图纸内容；了解室内工程图特点；通过图纸对项目有基本的了解。

技能目标

了解普通居室装修设计技巧，掌握室内基本户型图的绘制方法，掌握室内平面布置图的绘制方法，掌握室内顶棚图的绘制方法。

重　点

参照效果图完成施工图的绘制，熟练掌握施工图的绘制方法与步骤，图面表达符合制图要求，图示内容表达完整。

难　点

普通居室施工图的绘制。

一、学习任务描述 ONE

（一）案例分析

本案例所列举的是一套公寓居住空间。该普通居室的设计委托方为都市白领，喜欢简单快捷的生活方式，倾向于在设计中适当选择简约元素。业主要求该居室能够适合业主夫妻居住。

室内住宅设计是根据住宅的使用性质、所处环境和相应标准，运用物质技术手段和设计原理，创造功能合理、舒适优美、满足人们物质和精神生活需要的居住环境，它是从建筑装饰设计中演变出来的，是对住宅内环境的再创造。主要针对人们的居家环境做改造与设计。在设计原则上，注意遵循以下几点布置原则。

（二）平面优化布置原则

1. 功能性原则

对整套住宅进行设计的目的，就是为了方便人们在这个空间中自由舒适的活动，在进行空间布局时，其使用功能应与界面装饰、陈设和环境气氛相统一，在设计当中去除花哨的装饰，遵循功能至上的原则。

2. 整体性原则

住宅设计是基于建筑整体设计，对各种环境、空间要素的重整合和再创造，在这一过程中，个人意志的体现、个人风格的凸显以及个人创新的追求固然重要，但更重要的是将设计的艺术创造性和实用舒适性相结合，将创意构思的独特性和空间的完整性相结合，这是室内住宅设计最根本的要素。

3. 经济性原则

在对整套住宅进行设计时需考虑业主经济承受能力，要善于控制造价，并且还要创造出实用、安全、经济、美观的室内环境。这一点往往是一些入门设计师很难做到的。

4. 创新性原则

创新是设计的灵魂，这种创新不同于一般艺术创新的特点在于，只有将业主的意图与设计师的审美追求统一，并结合技术创新，将住宅空间的限制与空间创造的意图完美地统一起来，才是真正有价值的创新。

5. 环保性原则

尊重自然、关注环境、保护生态是生态环境原则最基本的内涵，使创造的室内环境与社会经济、自然生态、环境保护统一发展，使人与自然和谐、健康地发展是环保性原则的核心。

（三）任务要求

根据现场测量单线图，如图 2-73 所示，完成居室空间平面图的绘制，在此基础上进行平面优化布置，可参照图 2-74。并完成居室施工图的绘制。

设计图纸包括平面图（原始结构图、平面布置图、平面砌墙图、地面布置图、天花尺寸图、灯具布置图、开关布置图、居室插座布置图、冷热水布置图、立面索引图）、立面图、剖面图以及详图。画图时，可以参考居室空间效果图进行绘制。也可以根据原建筑结构图自行设计，进行施工图的绘制。

扫描二维码获取居室设计文件，下载 AutoCAD 家具素材图案。

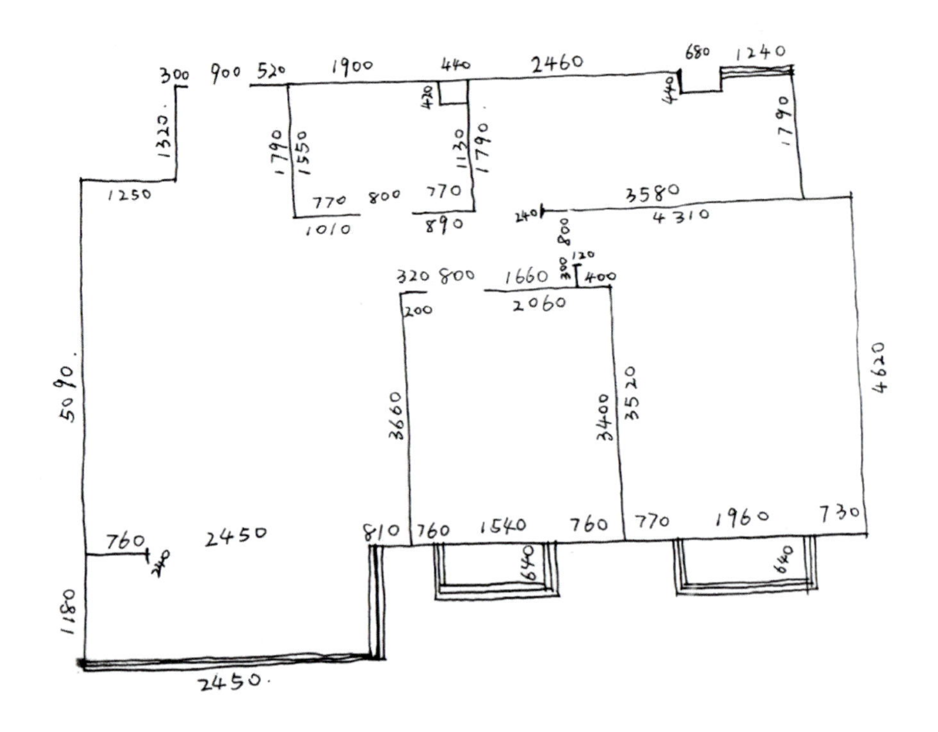

图 2-73　普通居室现场测量单线图(手稿)

图 2-74　普通居室优化方案参考

居室设计文件

AutoCAD 家具素材图库

利用正投影原理所绘制的平面、立面、剖面图是设计师的设计意图与现场施工交流的语言。设计师要将自己的设计意图充分地表达给客户及施工人员，就必须掌握设计的图纸规范；正投影制图要求使用专业的绘图工具，在图纸上画的线条必须粗细均匀、光滑整洁、交接清楚。因为这类图纸是以明确的线条，描绘建筑内部装饰空间的形体轮廓线来表达设计意图的，所以严格的线条绘制和严格的制图规范是它的主要特征：

(1) 所有图纸必须利用正投影原理进行绘制；

(2) 图纸设计必须符合施工规范要求，必须具有可施工性；

(3) 所有设计施工项目名称标注必须明确、清晰，不得缺少或不相吻合；

(4) 所有图纸的图例表现，在同一设计内容上，前后必须一致；

(5) 所有施工图必须标明比例；

(7) 图纸用语中涉及工艺、材料的说明部分用词专业、清晰，图纸中的文字说明和尺寸标注清晰，不得重叠；

(8) 图纸名称高度根据图名字高绘制比例确定；

(9) 根据图纸内容的具体要求(如上图纸绘制内容要求)，同一设计施工项目的施工尺寸和材质标注要求在本设计图中表现完整，不得零星标注或在其他图纸中另行标注(吊顶结点图除外)。

(四) 图纸内容

装饰工程设计施工图纸的组成应完整、全面，能充分表述施工工程的各分部分项内容的全部技术问题。施工工程全套图纸应包含以下图纸和其他组成部分。

1. 图纸封面

注明项目名称、绘制单位、出图时间等内容。

2. 图纸目录

(1) 图纸目录应包括序号、图纸名称、图号等，当图纸比较多需分册装订时，每个分册均应有全册目录。

(2) 如有选用标准图时，应先列新绘制图纸名称，后列标准图名称。

(3) 设计说明(包括需要特别交代的设计说明)中应阐述整体设计的用材、用色，特殊工艺说明及客户的特殊要求等。

(4) 平面图描绘的是居室整体或局部的空间规划。

(5) 立面图展示的是从平视的角度看到的居室整体及局部景观。

(6) 剖面图和节点详图是表明建筑构造细部的图，是两个以上装饰面的汇交点，按垂直或水平方向剖开，以标明装饰面之间的对接方式和固定方式。

二、基本功能及尺寸参考 TWO

人体尺度，即人体在室内完成各种动作时的活动范围。根据人体尺度来确定门的高宽度、踏步的高宽度、窗台阳台的高度、家具的尺寸及间距、楼梯平台、室内净高等室内尺寸。常用的室内尺寸如下。

(一) 厨房

1. 常见橱柜尺寸标准

1) 地柜高度

按照人体工程学，应为 780 mm 左右更为合适。

2）台面厚度

石材的厚度有几种，10 mm、15 mm、20 mm、25 mm 等，同种石材都有不同的厚度。

3）台面高度

橱柜台面的高度应在 780 mm 左右更为合适。

4）地柜宽度

地柜宽度和水槽的大小有关，包括能放进最大水槽的宽度及正常的宽度，家用的水槽（洗菜盆）最大的是 470 mm×880 mm，做橱柜最好要在 600～650 mm 更为合适，而且更美观。

5）抽屉滑轨

一般来说，抽屉滑轨按照设计方式分为三节滑轨、抽邦滑轨、滚轮路轨，尺寸分别是 250 mm、300 mm、350 mm、400 mm、450 mm、500 mm、550 mm。

6）消毒柜的规格及所需要的净尺寸

80 升消毒柜需要尺寸：宽 585 mm，高 580～600 mm，深 500 mm 足够。

90 升消毒柜需要尺寸：宽 585 mm，高 600 mm，深 500 mm 足够。

100 升消毒柜需要尺寸：宽 585 mm，高 620～650 mm，深 500 mm 足够。

110 升消毒柜需要尺寸：宽 585 mm，高 650 mm，深 500 mm 足够。

7）嵌入式消毒柜外形（长×高×径深）

80 升：600 mm×580 mm×400 mm。

90 升：600 mm×620 mm×450 mm。

100 升：600 mm×650 mm×450 mm。

110 升：600 mm×650 mm×480 mm。

8）整体橱柜尺寸

目前市场上常见的橱柜，其正常高度应该在 780～800 mm，台面宽度应该在 550～600 mm，吊柜高度通常为 600～720 mm，也有 800 mm、850 mm、900 mm 的，吊柜深度通常是 330～350 mm。橱柜的高度也可以根据具体情况而进行设计。

正常尺寸地柜宽 600 mm，高 800 mm；吊柜深 320 mm，高 700 mm（不含顶线）。

每个厂家的尺寸可能会有区别（标注毫米）：常见的地柜深 550 mm、高 650 mm，单门长 200 mm、250 mm、300 mm、350 mm、400 mm、450 mm、500 mm、600 mm，双门长 600 mm、700 mm、800 mm、900 mm、1000 mm。吊柜深 300 mm、高 700 mm 或 800 mm，长同地柜，单门 50 mm 一进制，双门 100 mm 一进制。台面深 600 mm，正立面高 40 mm、60 mm。

对于预留嵌入式的家用电器以及煤气表、管道的尺寸，要留有适当的余地；地柜要有抽斗，柜内存放物品的功能要注明。

2. 拓展知识

（1）厨房吊柜和操作台之间的距离应该是多少？

0.6 m——从操作台到吊柜的底部，应该确保这个距离。这样，在方便烹饪的同时，还可以在吊柜里放一些小型家用电器。

（2）在厨房两面相对的墙边都摆放各种家具和电器的情况下，中间应该留多大的距离才不会影响在厨房里做家务？

1.2 m——为了能方便地打开两边家具的柜门，就一定要保证至少留出这样的距离。

1.5 m——这样的距离就可以保证在两边柜门都打开的情况下，中间再站一个人。

(3) 要想舒服地坐在早餐桌的周围，凳子的合适高度应该是多少?

0.8 m——对一张高 1.1 m 的早餐桌来说，这是摆在它周围凳子的理想高度。因为在桌面和凳子之间还需要 0.3 m 的空间来容下双腿。

(4) 吊柜应该装在多高的地方?

1.45～1.5 m——这个高度可以不用踮脚就能打开吊柜的门。

(二) 餐厅

1. 常见餐厅用家具的尺寸标准

(1) 椅凳：座面高 0.42～0.44 m，扶手椅内宽于 0.46 m。

(2) 餐桌：中式一般高 0.75～0.78 m，西式一般高 0.68～0.72 m。

(3) 方桌：宽 1.2 m、0.9 m、0.75 m。

(4) 长方桌：宽 0.8 m、0.9 m、1.05 m、1.2 m，长 1.5 m、1.65 m、1.8 m、2.1 m、2.4 m。

(5) 圆桌：直径 0.9 m、1.2 m、1.35 m、1.5 m、18 m。

2. 拓展知识

(1) 一个供六个人使用的餐桌有多大?

1.2 m——这是对圆形餐桌的直径要求。

1.4 m×0.7 m——这是对长方形和椭圆形餐桌的尺寸要求。

(2) 餐桌离墙应该有多远?

0.8 m——这个距离是包括把椅子拉出来，以及方便就餐的人活动的最小距离。

(3) 一张以对角线对墙的正方形桌子所占的面积有多大?

1.8 m×1.8 m——这是一张边长 0.9 m，桌角离墙面最近距离为 0.4 m 的正方形桌子所占的最小面积。

(4) 桌子的标准高度应是多少?

0.72 m——这是桌子的中等高度，而椅子的通常高度为 0.45 m。

(5) 一张供六个人使用的桌子摆在居室里要占多少面积?

0.3 m×0.3 m——需要为直径 1.2 m 的桌子留出空地，同时要为在桌子四周就餐的人留出活动空间。这个方案适合于面积至少达到 6 m×3.5 m 的大客厅。

(6) 吊灯和桌面之间最合适的距离应该是多少?

0.7 m——这是能使桌面得到完整的、均匀照射的理想距离。

(三) 卫生间

1. 常见卫生间用家(洁)具的尺寸标准

常见卫生间用家(洁)具的尺寸标准如表 2-1 所示。

表 2-1　常见卫生间用家(洁)具的尺寸标准

家具	常规尺寸	备注
盥洗台	宽度为 0.55～0.65 m、高度为 0.85 m	盥洗台与浴缸之间应留约 0.76 m 宽的通道
淋浴房	一般为 0.9 m×0.9 m、高度为 2.0～2.2 m	留大于 0.76 m 宽的门

(1) 卫生间的设计,不要随意更改马桶、蹲坑及浴缸位置。洗面盆台面为石材,基础设计为角钢;台面下部还要求做柜体的,可直接用防水双面板制作,柜门为吊脚成品门或自制百叶门。

(2) 卫生间的门采用塑钢、合金材料制作,可防水、防腐蚀、防变形。

(3) 盥洗台:宽度为 0.55~0.65 m,高度为 0.85 m,盥洗台与浴缸之间应留约 0.76 m 宽的通道。

(4) 淋浴房:一般为 0.9 m×0.9 m,高度为 2.0~2.2 m。

2. 拓展知识

(1) 卫生间里的用具要占多大地方?

马桶所占的一般面积:0.37 m×0.6 m。

悬挂式或圆柱式盥洗池可能占用的面积:0.7 m×0.6 m。

正方形淋浴间的面积:0.8 m×0.8 m。

浴缸的标准面积:1.6 m×0.7 m。

(2) 浴缸与对面的墙之间的距离要有多远?

1 m——想要在周围活动的话这是个合理的距离。即使浴室很窄,也要在安装浴缸时留出走动的空间。总之浴缸和其他墙面或物品之间至少要有 0.6 m 的距离。

(3) 安装一个盥洗池,并能方便地使用,需要的空间是多大?

0.9 m×1.05 m——这个尺寸适用于中等大小的盥洗池,并能容下另一个人在旁边洗漱。根据空间大小也可进行调整。

(4) 洁具之间应该预留多少距离?

0.2 m——这个距离包括马桶和盥洗池之间,或者洁具和墙壁之间的距离。

(5) 相对摆放的澡盆和马桶之间应该保持多远距离?

0.6 m——这是能从中间通过的最小距离,所以一个能相向摆放澡盆和马桶的洗手间应该至少有 1.8 m 宽。

(6) 要想在里侧墙边安装下一个浴缸的话,洗手间至少应该有多宽?

1.8 m——这个距离对于传统浴缸来说是非常合适的。如果浴室比较窄的话,就要考虑安装小型的带座位的浴缸了。

(7) 镜子应该装多高?

1.35 m——这个高度可以使镜子正对着人的脸。

(四) 卧室

1. 常见卧室用家具的尺寸标准

常见卧室用家具的尺寸标准如表 2-2 所示。

表 2-2 常见卧室用家具的尺寸标准

家具	样式	常规尺寸
床	单人床	宽 0.9 m、1.05 m、1.2 m;长 1.8 m、1.86 m、2.0 m、2.1 m;高 0.35~0.45 m
	双人床	宽 1.35 m、1.5 m、1.8 m,长、高同上
	圆床	直径 1.86 m、2.125 m、2.4 m,高同上
柜	矮柜	厚度 0.35~0.45 m、柜门宽度 0.3~0.6 m、高度 0.6 m
	衣柜	厚度 0.6~0.65 m、柜门宽度 0.4~0.65 m、高度 2.0~2.2 m

2. 拓展知识

(1) 双人主卧室的最标准面积是多少?

12 m^2——夫妻二人的卧室不能比这个再小了。在房间里除了床以外,还可以放一个双开门的衣柜(长 1.2 m,深 0.6 m)和两个床头柜。在一个 3 m×4.5 m 的房间里可以放更大一点的衣柜;或者选择小一点的双人床,再在抽屉和写字台之间选择其一,就可以在摆放衣柜的地方选择一个带更衣间的衣柜。

(2) 如果把床斜放在角落里,要留出多大空间?

3.6 m×3.6 m——这是适合于较大卧室的摆放方法,可以根据床头后面墙角空地的大小再摆放一个储物柜。

(3) 两张并排摆放的床之间的距离应该有多远?

0.9 m——两张床之间除了能放下两个床头柜以外,还应该能让两个人自由走动。当然床的外侧也不例外,这样才能方便地清洁地板和整理床上用品。

(4) 如果衣柜被放在了与床相对的墙边,那么两件家具之间的距离应该是多少?

0.9 m——这个距离是为了能方便地打开柜门而不至于被绊倒。

(5) 衣柜应该有多高?

2.4 m——这个尺寸考虑到了在衣柜里能放下长一些的衣物(1.6 m),并在上部留出了放换季衣物的空间(0.8 m)。

(6) 要想容得下双人床、两个床头柜外加衣柜的侧面的话,一面墙应该有多大?

4.2 m×4.2 m——这个尺寸的墙面可以放下一张 1.6 m 宽的双人床和侧面宽度为 0.6 m 的衣柜,还包括床两侧的活动空间(两侧 0.6~0.7 m),以及柜门打开时所占用的空间(0.6 m)。如果衣柜采用拉门,那么墙面只需要 3.6 m 长就够了。

(五) 客厅

1. 常见客厅用家具的尺寸标准

常见客厅用家具的尺寸标准如表 2-3 所示。

表 2-3 常见客厅用家具的尺寸标准

家具	样式	常规尺寸	备注
沙发	单人式	长 0.8~0.9 m	厚度 0.8~0.9 m 座宽 0.35~0.42 m 背高 0.7~0.9 m
	双人式	长 1.26~1.50 m	
	三人式	长 1.75~1.96 m	
	四人式	长 2.32~2.52 m	
茶几	小型长方	长 0.6~0.75 m、宽 0.45~0.6 m、高度 0.33~0.42 m	
	大型长方	长 1.5~1.8 m、宽 0.6~0.8 m、高度 0.33~0.42 m	
	圆形	直径 0.75 m、0.9 m、1.05 m、1.2 m,高度 0.33~0.42 m	
	正方形	边长 0.75 m、0.9 m、1.05 m、1.20 m、1.35 m、1.50 m,高度 0.33~0.42 m	边角茶几有时稍高一些,为 0.43~0.5 m

2. 拓展知识

(1) 长沙发与摆在它面前的茶几之间的正确距离是多少?

0.3 m——在一个2.4 m×0.9 m×0.75 m的长沙发面前摆放一个1.3 m×0.7 m×0.45 m的长方形茶几是非常舒适的。两者之间的理想距离应该是能允许一个人通过的同时又便于使用，也就是说不用站起来就可以方便地拿到桌上的杯子或者杂志。

(2) 一个能摆放电视机的大型组合柜的最小尺寸应该是多少?

2 m×0.5 m×1.8 m——这种类型的家具一般都是由大小不同的方格组成，高处部分比较适合用来摆放书籍，柜体厚度至少为0.3 m;而低处用于摆放电视的柜体厚度至少为0.5 m。同时组合柜整体的高度和横宽还要考虑与墙壁的面积相协调。

(3) 如果摆放可容纳三四个人的沙发，那么应该选择多大的茶几来搭配呢?

1.4 m×0.7 m×0.45 m——在沙发的体积很大或是两个长沙发摆在一起的情况下，矮茶几就是很好的选择，高度最好和沙发坐垫的位置持平。

(4) 在扶手沙发和电视机之间应该预留多大的距离?

3 m——这里所指的是25英寸的电视与扶手沙发或长沙发之间最短的距离。此外，摆放电视机的柜面高度应该在0.4～1.2 m，这样才能使观众保持正确的坐姿。

(5) 摆在沙发边上的茶几的理想尺寸是多少?

方形:0.7 m×0.7 m×0.6 m。

椭圆形:0.7 m×0.6 m。

放在沙发边上的咖啡桌应该有一个不是特别大的桌面，但要选那种较高的类型，这样即使坐着的时候也能方便舒适地取到桌上的东西。

(6) 两个面对面放着的沙发和摆放在中间的茶几一共需要占据多大的空间?

两个双人沙发(规格1.6 m×0.9 m×0.8 m)和茶几(规格1 m×0.6 m×0.45 m)之间应相距0.3 m。

(7) 长沙发或是扶手沙发的靠背应该有多高?

0.85～0.9 m——这样的高度可以将头完全放在靠背上，让您的颈部得到充分的放松。如果沙发的靠背和扶手过低，建议您增加一个靠垫来获得舒适感。如果空间不是特别宽敞，沙发应该尽量靠墙摆放。

(8) 如果客厅位于房间的中央，后面想要留出一个走道空间，这个走道应该有多宽?

1～1.2 m——走道的空间应该能让两个成年人迎面走过而不至于相撞，通常给每个人留出0.6 m的宽度。

(9) 两个对角摆放的长沙发，它们之间的最小距离应该是多少?

0.1 m——如果不需要留出走道的话，这种情况就能允许再放茶几了。

(六) 书房

常见书房用家具的尺寸标准如下。

(1) 书桌:宽度0.45～0.7 m(0.6 m最佳)、长度0.75 m。

(2) 书架:宽度0.25～0.4 m、长度0.6～1.2 m、高度1.8～2.0 m，下柜高度0.8～0.9 m。

三、普通居室平面图的绘制 THREE

室内平面图是施工图纸中必不可少的一项内容，它能够反映出在当前户型中各空间布局以及家具摆放是否合理，并从中了解到各空间的功能和用途。

（一）绘制住宅原始户型图

在室内设计中，平面图分为几项，其中包括原始户型图、家具平面布置图、地面布置图、顶面布置图等。在进入制图程序时，先要绘制原始户型图，因为只有了解原始户型图中的信息参数，才能够进行下一步制图操作，可以说原始户型图绘制得准确与否，会直接影响最终的效果。

要求：根据现场测量单线图（如图 2-73 所示），绘制普通居室原始户型图。

（1）遵照规范要求完成普通居室原始户型图，图层图线使用正确。

（2）结构绘制完整，数据准确。

（3）结构图例表示正确。

（4）信息完整，比例正确。

（5）房间的具体开间尺寸、房间梁柱位置尺寸、门窗洞口的尺寸位置，以及各项管井（上下水、煤气管道、空调暖管、进户电源）的位置、功能、尺寸等。

（6）各层楼面标高，有无建筑找坡、结构找坡等情况。

（二）绘制居室平面优化布置图

住宅的建筑平面图一般比较详细，通常采用较大的比例（如 1 : 100、1 : 50），并标注实际的详细尺寸。在绘制该图纸时，可在原始户型图上运用一些基本操作命令绘制出家具图块，并合理放置于图纸合适位置。可依据相应效果图来完成相应住宅平面布置图，效果图当中未表示出来的部位作为知识拓展，由学生自行设计完成。

（1）标注墙体定位尺寸，有结构柱、门窗处应注明宽度尺寸。

（2）各区域名称要注全，如客厅、餐厅、休闲区等，房间名称要注全，如主卧、次卧、书房、工人房等。

（3）室内外地面标高应注明。

（4）墙体厚度与新建墙体材料种类应注明。

（5）地面材料种类、地面拼花及不同材料分界线应予表示。

（6）卫生洁具、水池、台、柜等固定建筑设备和家具的尺寸、定位以及详图索引布置图。

（7）楼梯平面位置的安排、上下方向示意及梯级计算布置图。

（8）有关节点详细或局部放大图的索引布置图。

（9）门的编号及开启方向布置图。

（10）活动家具布置及盆景、雕塑、工艺品等的配置布置图。

（11）要求注明入口标志。

（三）完成其他平面图

1. 居室平面砌墙图

砌墙图：在平面图中标示出需要拆除或者新建的墙体。

（1）遵照规范要求完成居室平面砌墙图，图层图线使用正确。

（2）根据设计方案需要改动结构的墙体，可在原始平面基础上标识。

（3）结构绘制完整，要求使用图例，用图例填充结构拆改部分，并辅以文字说明。

（4）信息完整，标注正确。

2. 居室地面布置图

(1) 标明空间名称及高度。

(2) 图例说明注明材料的名称、规格,特别注意不要漏标楼梯位、过门石等。

(3) 注意排砖方式,起铺点正确。

(4) 下水口、地漏位置要注明。

(5) 拔打线、拼花等造型地面需要注明尺寸。

3. 居室天花尺寸图

(1) 天花造型尺寸定位及详图索引。

(2) 房间名称应注全,并应标注天花底面相对于本层地面建筑面层的高度。

(3) 标明天花灯具(包括火灾或事故照明)、排风扇、应急灯、风口等。

(4) 图例说明窗帘位置,有窗帘盒的要标明。

(5) 原始梁可用虚线表示。

4. 居室灯具布置图

在图面表示出灯具的位置尺寸,特殊高度的灯具标明高度。

5. 居室开关布置图

(1) 使用图例说明,包括开关符号、线路走向,以及开关图例表。开关的位置高度要注明。

(2) 注意开关布置在使用上的便捷,多盏灯进行串联时,注意计算负荷。

6. 居室插座布置图

(1) 使用图例说明。

(2) 注明插座安装高度,在布置时要考虑使用便捷。

(3) 在图框备注栏里说明插座高度是以插座盒底与地面距离计算的。

7. 居室冷热水布置图

居室冷热水布置图包括冷热水图例,放置于合理的位置。

8. 居室立面索引图

要求正确使用索引符号,符号指向正确、排序合理,索引页面图号编排正确。

四、居室立面图的绘制 FOUR

立面图是一种与垂直界面平行的正投影图,它能够反映室内垂直界面的形状、装修做法及其陈设,是一种很重要的图样。

装饰立面图是将建筑物装饰的外观墙面或内部墙面向铅直的投影面所做的正投影图。装饰立面图主要反映墙面的装饰造型、饰面处理以及剖切吊顶顶棚的断面形状、投影到的灯具等内容。

(一) 居室立面图的图示内容

绘制装饰立面图有利于进行墙面装饰施工和墙面装饰物的布置等工作。若要设计和绘制完整的装饰立面图,要包含以下图示内容。

(1) 墙面装饰造型的构造方式、装饰材料、陈设、门窗造型等。

(2) 墙面所用设备和附墙固定家具位置、规格尺寸等。

(3) 顶棚的高度尺寸及其叠级造型(凹进或凸出)的构造关系和尺寸。

(4) 墙画与吊顶的衔接、收口方式等。

(5) 相对应的本层地面的标高,标注地台、踏步的位置尺寸。

(6) 图名、比例、文字说明、材料图例、索引符号等。

(二) 识读住宅立面图

要辨别不同的装饰立面图,应用与之相配的平面布置图进行对照,根据室内立面索引符号找出相对应的立面图。

1. 立面图识读

(1) 识读图名、比例,与平面布置图进行对照,找到相对应的立面图。

(2) 和平面布置图进行配合,了解室内家具、陈设等的立面造型。

(3) 根据图中尺寸、文字说明,了解室内家具、陈设等的规格尺寸、装饰材料。

(4) 熟悉内墙面的装饰造型的式样、饰面材料、施工工艺、色彩等。

(5) 了解顶棚的断面形式和高度尺寸。

(6) 注意其内的详图索引符号,通过索引符号及剖切符号所对应的详图,进一步了解细部构造做法。

2. 展开立面图的识读

(1) 可以利用内墙展开立面图来识读一个房间的所有墙面的装饰内容。

(2) 粗实线绘制连续墙面的外轮廓、面与面转折的阴角线以及内墙面、顶棚等的轮廓。

(3) 细实线绘制家具、陈设等的立面造型。

(4) 若要区别墙面位置,可在图的两端和阴角处标注与平面图一致的轴线编号。

(5) 标注尺寸、标高以及文字说明。

3. 住宅立面图的绘制方法

(1) 结合平面图,选取比例,确定图纸幅面。

(2) 绘制建筑结构、轮廓线等。

(3) 绘制上方顶棚的剖面线及可见轮廓。

(4) 绘制室内家具、设备等。

(5) 用文字标注墙面的装饰面材料、色彩等。

(6) 标注尺寸以及相关的详图索引符号、剖切符号等。

(7) 书写图名、比例等。

(三) 立面图的绘制

根据平面图、效果图或创意,绘制 8~10 张立面图,例如:客厅电视背景墙立面图、沙发背景墙立面图、餐厅背景酒柜立面图、主卧床头背景立面图、主卧电视背景墙立面图、主卧衣柜立面图、长辈房床头背景墙立面图等。

五、居室剖面图、详图、大样图的绘制 FIVE

施工图中有一些相对复杂的局部构造，为了更好地指导施工，通常需要对这些节点进行细致的表现和详细的说明。节点常以剖面的形式进行表现。剖面图是通过将有关的图形按照一定的剖切方向所展示的内部构造图例，假想用一个剖切平面将物体剖开，移去介于观察者和剖切平面之间的部分，对剩余的部分向投影面所做的正投影图。在绘制剖面图的时候，要在图纸上面标明层高、标高、绘制尺寸线。

要求根据效果图，平、立面图绘制 3～5 个剖面图、详图或者大样图。

（一）剖面图的图示内容

（1）为表达设计意图需绘制局部剖面。

（2）顶面剖面图需有标高尺寸。

（3）涉及楼板、梁等结构件的尺寸一般应严格按结构图或实际情况画出。

（4）注明造型尺寸、构造材料、面层材料。

（二）节点详图的图示内容

（1）施工中的关键部位、需要重点表达的部位，均应绘制节点详图。

（2）注明造型尺寸、构造材料、面层材料。

附录一　优秀专业网站链接

1. 三维网:http://www.3dportal.cn
2. CAD 设计论坛:http://www.askcad.com
3. 酷素材:http://www.coolsc.net
4. ABBS 建筑论坛:http://www.abbs.com.cn
5. 视觉同盟:http://www.visionunion.com
6. 设计在线:http://cn.dolcn.com
7. 中国室内装饰论坛:http://www.8848bbs.com
8. 素材精品屋:http://www.sucaiw.com
9. 筑龙素材:http://www3.zhulong.com
10. 中国 CG 资源网:http://www.cgtimes.com.cn
11. 晓东 CAD 家园:http://www.xdcad.net
12. 中国建筑装饰论坛:http://bbs.ccd.com.cn
13. 设计沙龙:http://salon.dolcn.com
14. 火星时代社区:http://bbs.hxsd.com
15. 5D 互动论坛:http://bbs.5d.cn
16. 筑意文化创意论坛:http://bbs.chinazhuyi.com
17. 室内设计联盟论坛:http://bbs.cool-de.com
18. 中华设计论坛:http://www.a963.com
19. 设计吧廊:http://www.balang88.cn/bbs.php
20. 土木在线:http://www.col88.com

附录二 实践应用

一、展台施工图设计文件 ONE

1. 效果图

效果图如图附 1 和图附 2 所示。

图附 1 效果图一

图附 2 效果图二

2. 施工图

施工图如图附 3 和图附 4 所示。

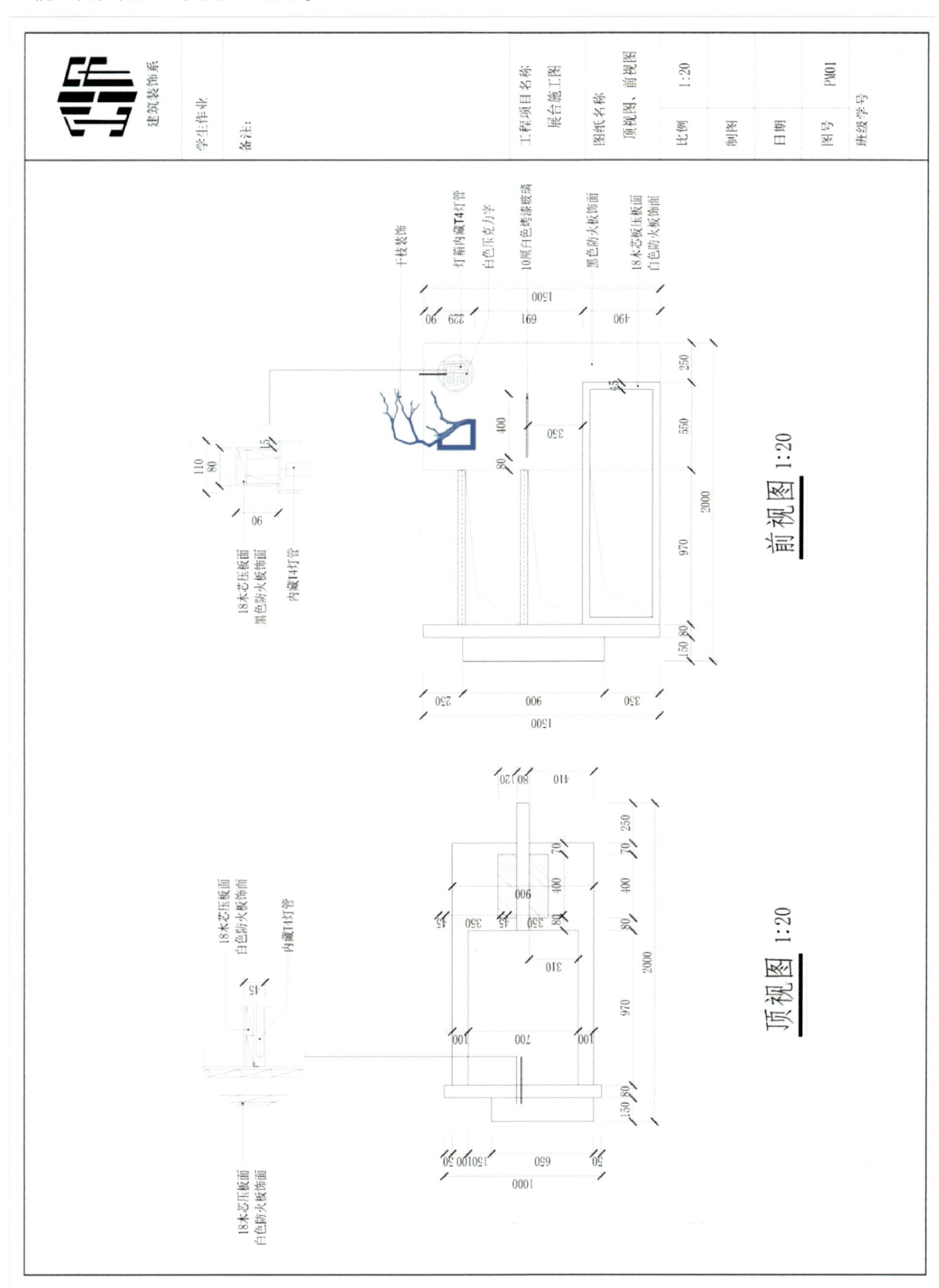

图附 3　施工图一

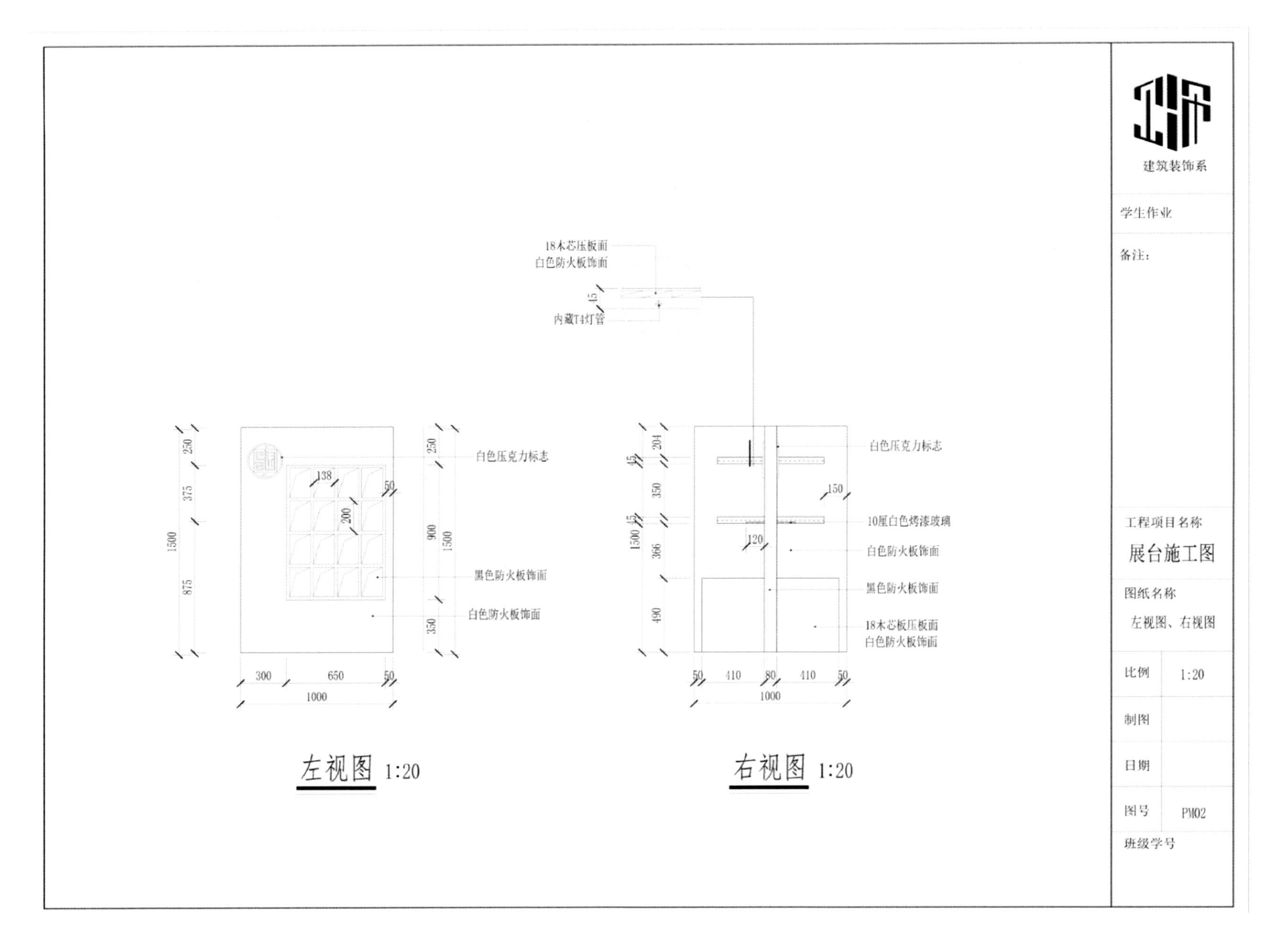
18木芯压板面
白色防火板饰面
内藏T4灯管
白色压克力标志
黑色防火板饰面
白色防火板饰面
10厘白色烤漆玻璃
白色防火板饰面
黑色防火板饰面
18木芯板压板面
白色防火板饰面
左视图 1:20
右视图 1:20
建筑装饰系
学生作业
备注:
工程项目名称
展台施工图
图纸名称
左视图、右视图
比例 1:20
制图
日期
图号 PM02
班级学号

图附4 施工图二

二、××视力办公室装修工程设计文件 TWO

1. 效果图

效果图如图附 5 至图附 18 所示。

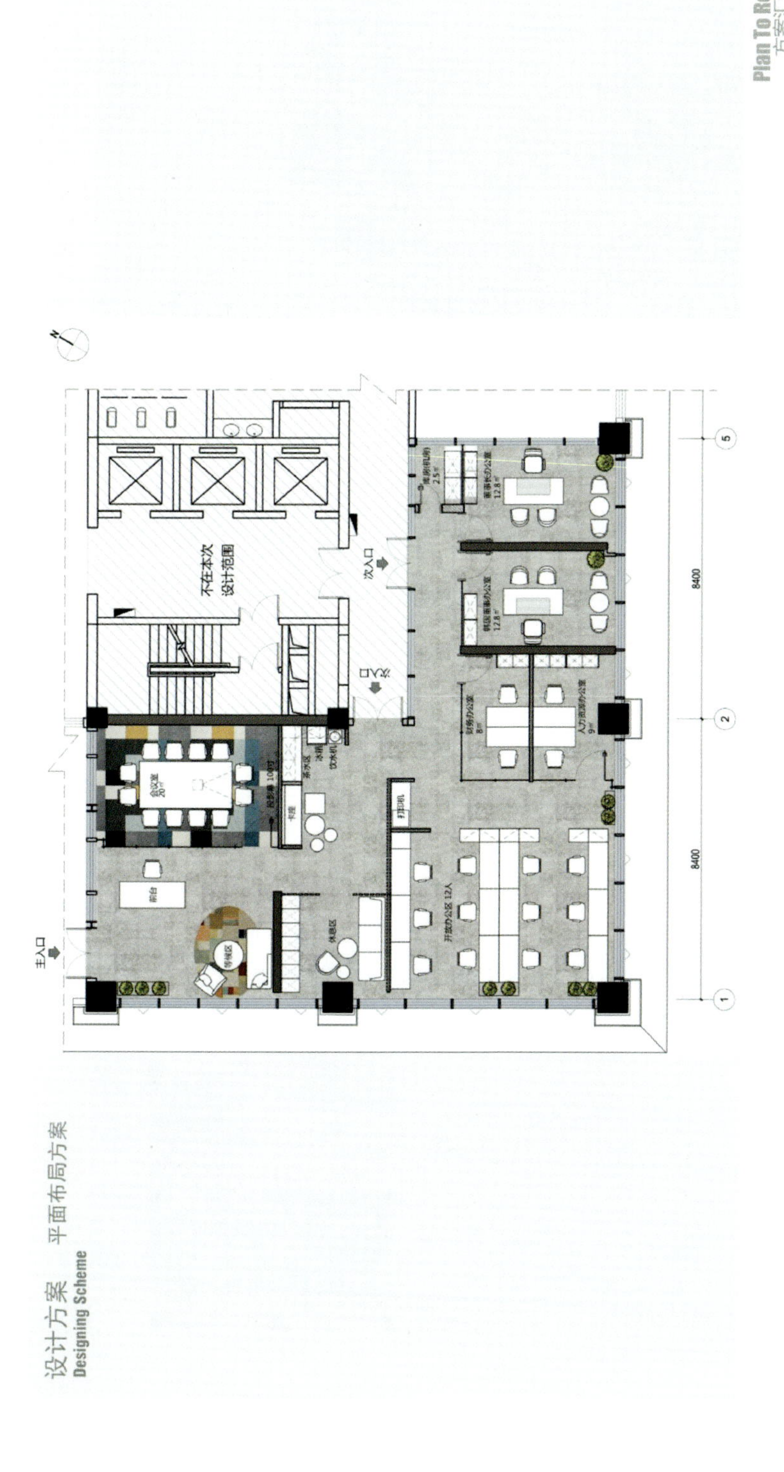

图附 5 效果图一

Plan To Report
方案汇报

图附6 效果图二

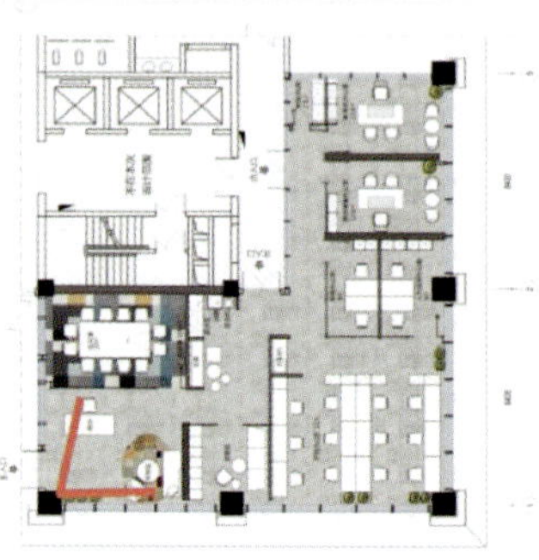

设计方案
Designing Scheme

Plan To Report
方案汇报

图附 7　效果图三

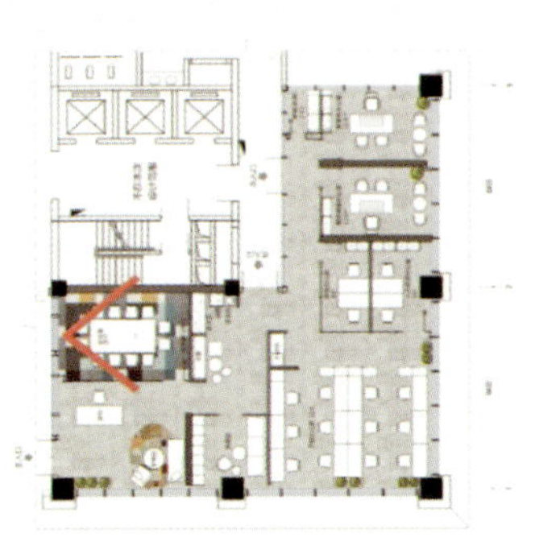

设计方案
Designing Scheme

图附 8　效果图四

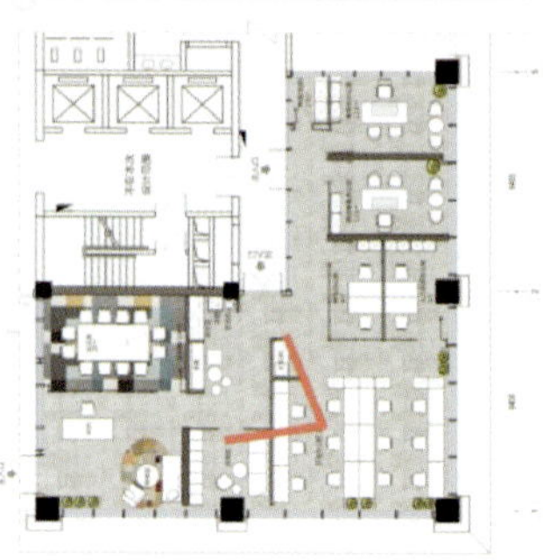

Plan To Report
方案汇报

图附9 效果图五

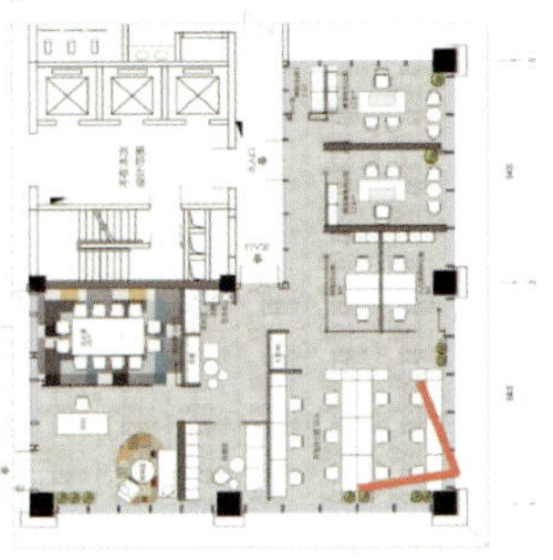

设计方案
Designing Scheme

图附 10 效果图六

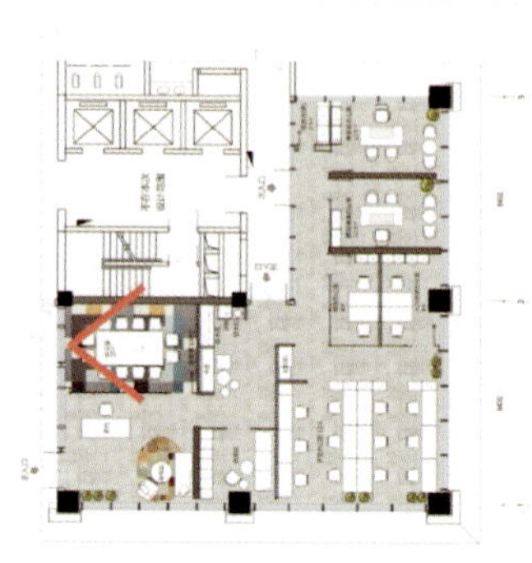

图附 11　效果图七

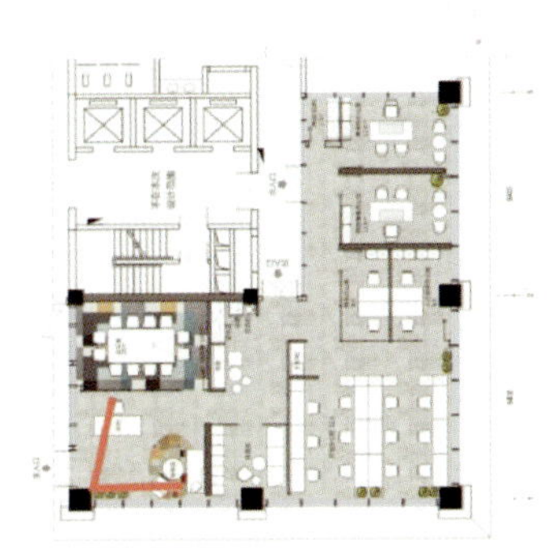

Plan To Report
方案汇报

图附 12 效果图八

设计方案
Designing Scheme

Plan To Report
方案汇报

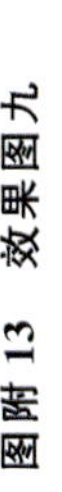

图附 13 效果图九

设计方案
Designing Scheme

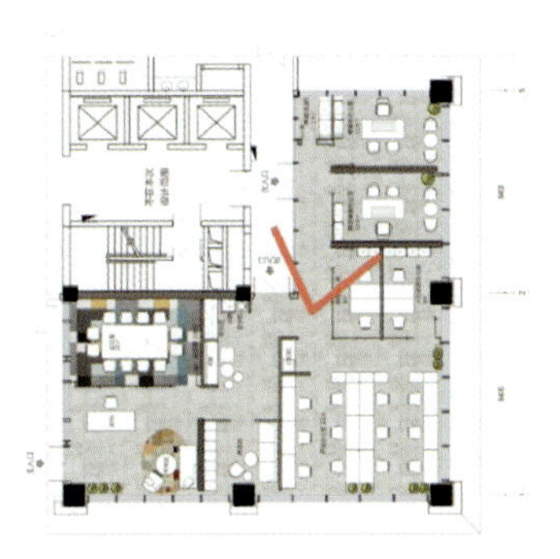

Plan To Report
方案汇报

图附 14　效果图十

设计方案
Designing Scheme

图附 15 效果图十一

Plan To Report
方案汇报

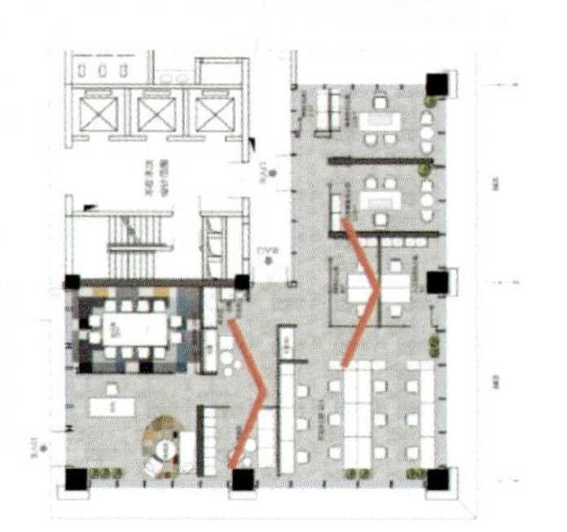

图附 16　效果图十二

设计方案
Designing Scheme

Plan To Report
方案汇报

图附 17 效果图十三

设计方案
Designing Scheme

设计方案
Designing Scheme

主要材料展示

Plan To Report
方案汇报

图附 18　效果图十四

2. 现场照片

现场照片如图附 19 至图附 26 所示。

图附 19 现场照片一

图附 20 现场照片二

图附 21　现场照片三

图附 22　现场照片四

图附 23　现场照片五

图附 24　现场照片六

图附 25　现场照片七

图附 26 现场照片八

3. 施工图

施工图如图附 27 至图附 47 所示。

××视力办公室装修工程

施工图

发行日期：20××年××月

图附 27　施工图一

图纸目录

图号	图名	图幅	出图日期	修改
G.1	图纸目录	A3		
G.2	设计说明	A3		
G.3	强电设计说明	A3		
G.4	材料表	A3		
	平面图			
AR 1A.1	拆除墙体图	A3		
AR 1A.2	材料说明图	A3		
FF-1A.1	平面布置图	A3		
FC-1A.1	地面铺装图	A3		
RC-1A.1	天花造型尺寸图	A3		
RC-1A.2	天花灯具定位图	A3		
RC-1A.3	灯具开关控制图	A3		
EM-1A.1	配电系统图	A3		
EM-1A.2	灯具回路图	A3		
EM-1A.3	插座点位图	A3		
EM-1A.4	插座回路图	A3		
EM-1A.5	弱电点位图	A3		
EM-1A.6	弱电连线图	A3		
EM-1A.7	空调风管平面图	A3		
EM-1A.8	安全出口图	A3		
RF-1A.1	立面索引图	A3		
	立面图			
IE 1A.1	立面图	A3		
IE 1A.2	立面图	A3		
IE 1A.3	立面图	A3		
IE 1A.4	立面图	A3		
IE 1A.5	立面图	A3		
IE 1A.6	立面图	A3		
IE 1A.7	立面图	A3		
	节点图			
DT 1A.1	节点图	A3		
DT 1A.2	节点图	A3		
DT 1A.3	节点图	A3		
DT 1A.4	节点图	A3		

建筑装饰系

学生作业

备注：

工程项目名称

图纸名称
图纸目录

比例	1:100
制图	
日期	
图号	G.1

班级学号

图附 28 施工图二

设计说明

装修工程设计说明

一、室内设计依据

1. 物业提供的室内现状图纸及现场测量数据尺寸。
2. 现行国家、北京市建筑装饰装修设计标准、规范的规定：主要规范及有关标准包括但不限于：
(1)《民用建筑设计通则》GB50045-2005。
(2)《建筑内部装修设计防火规范》GB50222-1995。
(3)《建筑装饰装修工程质量验收规范》GB50210-2001。
(4)《建筑地面工程质量验收规范》GB50209-2002。
(5)《智能建筑设计标准》GB/T50314-2000)。
(6)《民用建筑工程室内环境污染控制规范》GB50235-2001。
(7)《高级建筑装饰工程质量检验评定标准》DBJ/T01-27-2003。
(8) 最新版华北标BJ系列图集。
(9)《建设项目环境保护管理办法》实施细则及各专业的相关规范，均以最新版本为准。

二、工程概况

(1) 工程名称：明贵视力办公室装修工程
(2) 装修地点：贞观国际
(3) 建设单位：廊坊无止镜商贸有限公司
(4) 装修面积：219㎡

三、图纸内容及编制

(1) 图纸编制参考国家现行"建筑"与"室内装饰装修"文件编制深度的规定。
(2) 尺寸除特别注明外，所有尺寸以毫米为单位（平面图中的标高以米为单位）. 制图执行《房屋建筑制图统一标准》（GB/T50001-2001）；《建筑制图标准》（GB/T50104-2001）。
(3) 施工立面图是根据平面投影尺寸绘制的。
(4) 本套设计施工图纸采用 A3 规格。

四、材料做法及防火处理

(1) 建筑装饰装修工程所使用的材料应按规范要求进行防火、防腐和防蛀处理.
(2) 涂料、油漆及木挂板需由厂家制作样板，由设计及甲方认可后方可施工.
(3) 涂料墙面阳角处需加金属护角，腻子刮平表面涂料.
(4) 防火涂料:必须为符合国家消防部门认可产品.
(5) 本设计所用表层装修材料（除金属、石材、玻璃等A级材料外），均需持有国家有关部门认定的防火等级标准资料或经有关部门检测符合规范规定，方可使用。所有木装修隐蔽部分之木龙骨、板一律必须做防火处理；所有外露的钢龙骨、钢架均需刷防火涂料.
(6) 主要材料由设计是选型，供应商提供样品，由甲方及设计方审定后方可采购，定样后要保证样货一致才能施工.
(7) 本项工程按照室内设计防火规范执行.
(8) 墙面、吊顶、地面以及其他装饰材料均应达到符合防火等级要求.

五、技术及施工要求

(1) 吊顶工程：原建筑顶面乳胶漆饰面，局部轻钢龙骨纸面石膏板吊顶，乳胶漆及壁纸饰面.
(2) 墙体工程：新建墙体均为不到顶隔断3.0米高（原建筑天花高5.2米），双面双层轻钢龙骨纸面石膏板，隔墙内填岩棉乳胶漆饰面，钢化玻璃隔墙金属框.
(3) 地面工程：块毯、局部胶地板、局部水泥自流平.

建筑装饰系

学生作业

备注：

工程项目名称	
图纸名称	设计说明
比例	1:100
制图	
日期	
图号	G.2
班级学号	

图附 29　施工图三

设计说明-强电设计说明

强电设计说明

A 照明系统

1. 本工程公共办公区域的照明设置灯开关,各个办公室及会议室在门口设置灯开关。
2. 本工程的应急照明、疏散照明均采用带蓄电池的灯具，蓄电池的应急时间不得少于1小时。
3. 本工程的照明灯具均采用LED光源。
4. 照明分别由不同分支路供电，照明为单向三线。
5. 灯具照明设计，应满足10%以上应急照明。

B 动力系统

本工程的插座回路线路，从配电箱引出后，经新增地面镀锌钢管暗敷引至各插座,工位插座经地面暗装镀锌钢管引至工位，插座安装在家具上。在强弱电线管必须交错的地方应做相应的分隔措施将两者格开。
地插增设防火隔热垫，墙插木基层须做好防火处理。

C 弱电系统

1. 本工程计算机和电话采用屏蔽综合布线系统,采用超五类线缆，镀锌钢管暗敷。

D 安全防范系统

本工程在各出入口设有电控锁，配有读卡器(键盘)控制人员出入。

2. 安保系统须接入大楼火灾报警信号，在大楼火警时自动释放各疏散门，以供人员疏散之用。

E 火灾自动报警系统

1. 本装修工程 保持所有报警按钮、烟感、喷淋、强排泵、消防喇叭、等不作改动。

F 空调及通风系统

1. 本装修工程 空调及通风系统设备数量以及风口位置 不作改动
空调温控器根据平面布置移动位置。

G 其他

1. 设备设施不能超过地面负荷，地板≤200KG/㎡。
2. 均匀分配三项负荷，所有过线盒必须作跨接地，所有接头镀锡，所有穿线管使用镀锌管。

建筑装饰系	
学生作业	
备注：	
工程项目名称	
图纸名称	强电设计说明
比例	1:100
制图	
日期	
图号	G.3
班级学号	

图附 30　施工图四

材料表

序号	材料分类	材料编号	名称	使用区域	材料描述
01	涂料类	PT 01	白色乳胶漆	总体	
		PT 02	浅灰色乳胶漆	总体	现有天花涂料颜色
02	地毯类	CP 01	灰色方块地毯	公共区域	
03	织物类	FA 01	软包	卡座	蓝色软包
		FA 02	软包	卡座	黄色软包
		FA 03	吸音板	会议室	
04	玻璃类	GL 01	玻璃隔断	公共区域	
		GL 02	白色背漆玻璃	会议室	
05	木作类	WD01	木格栅	公共区域	
		WD02	木饰面板	公共区域	
		WD03	彩色做旧木板	水吧台	
06	石材类	MA 01	灰色人造石	茶水间	
07	其它类	MT 01	黑色金属板	踢脚线	
		MT 02	黑色铝方通	天花格栅	
		MT 03	铝方通转印木纹	天花格栅	
		SE 01	水泥自流平	公共区域	

建筑装饰系

学生作业

备注：

工程项目名称

图纸名称 材料表

比例	1:100
制图	
日期	
图号	G.4
班级学号	

图附 31 施工图五

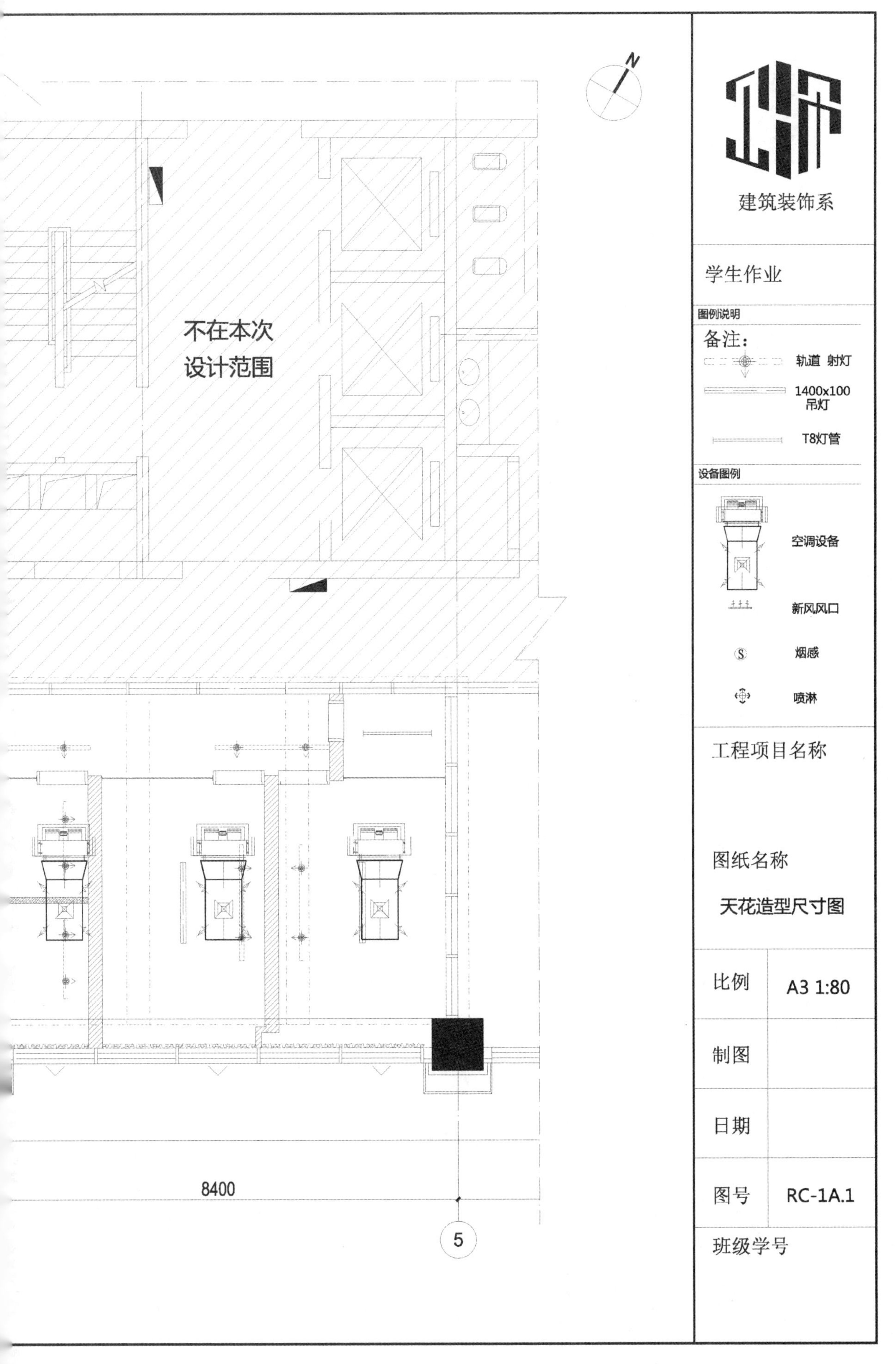

不在本次
设计范围
8400
5
建筑装饰系
学生作业
图例说明
备注：
轨道 射灯
1400x100
吊灯
T8灯管
设备图例
空调设备
新风风口
烟感
喷淋
工程项目名称
图纸名称
天花造型尺寸图
比例
A3 1:80
制图
日期
图号
RC-1A.1
班级学号

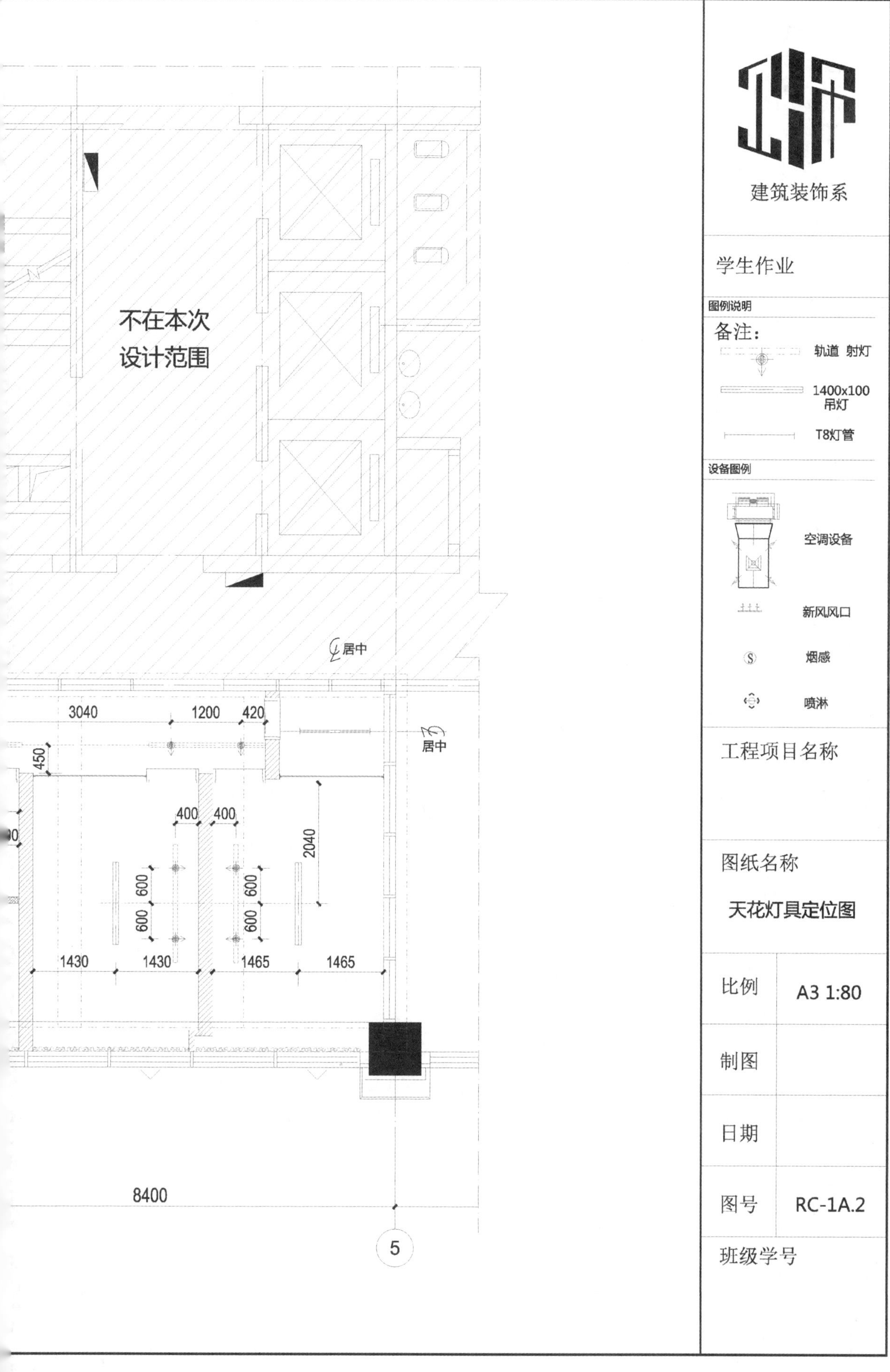
不在本次
设计范围
居中
3040
1200
420
居中
450
400
400
2040
600
600
600
600
1430
1430
1465
1465
8400
5
建筑装饰系
学生作业
图例说明
备注：
轨道 射灯
1400x100
吊灯
T8灯管
设备图例
空调设备
新风风口
烟感
喷淋
工程项目名称
图纸名称
天花灯具定位图
比例
A3 1:80
制图
日期
图号
RC-1A.2
班级学号

图五

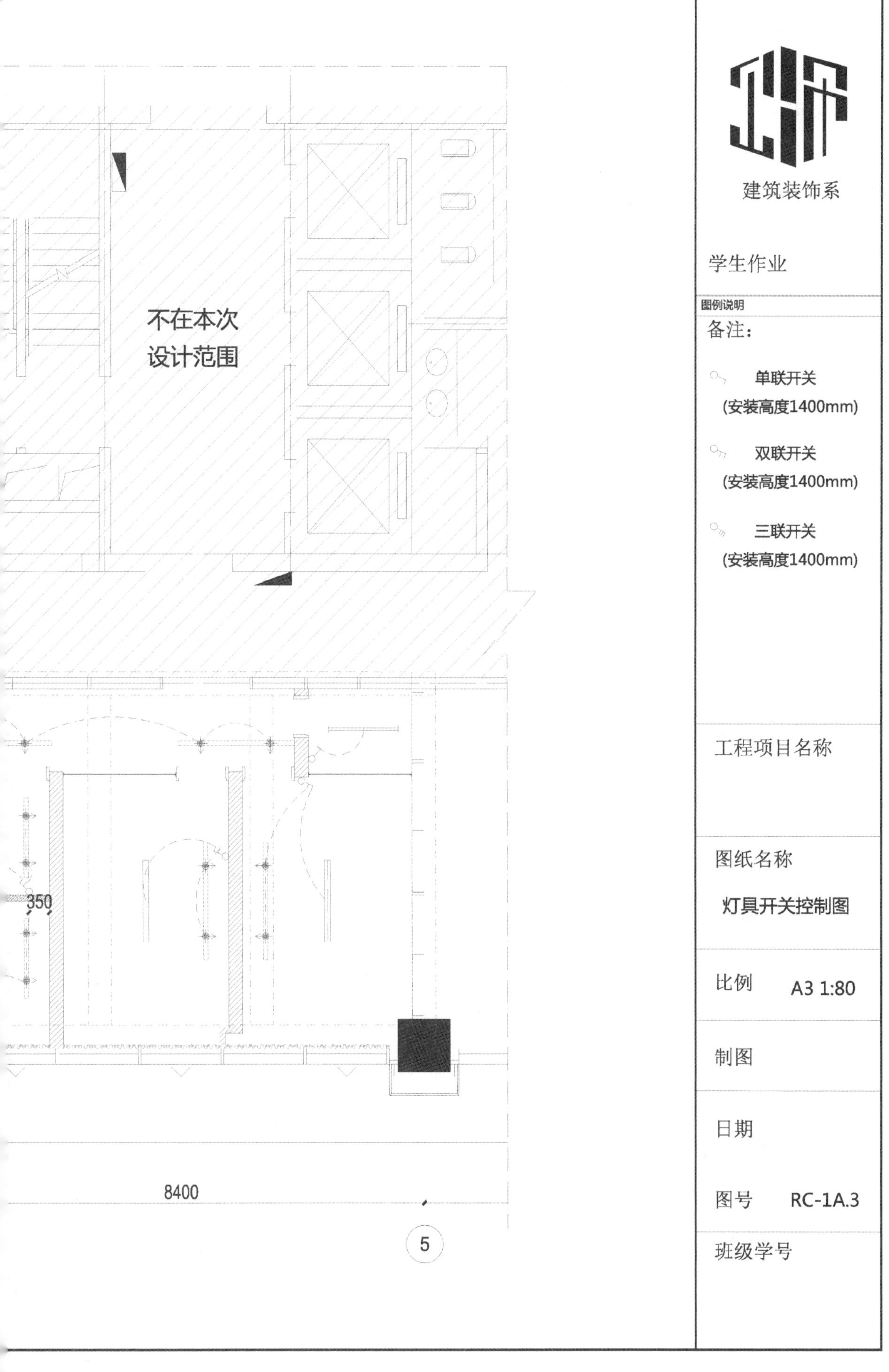

建筑装饰系

学生作业

图例说明

备注：

单联开关
(安装高度1400mm)

双联开关
(安装高度1400mm)

三联开关
(安装高度1400mm)

工程项目名称

图纸名称

灯具开关控制图

比例 A3 1:80

制图

日期

图号 RC-1A.3

班级学号

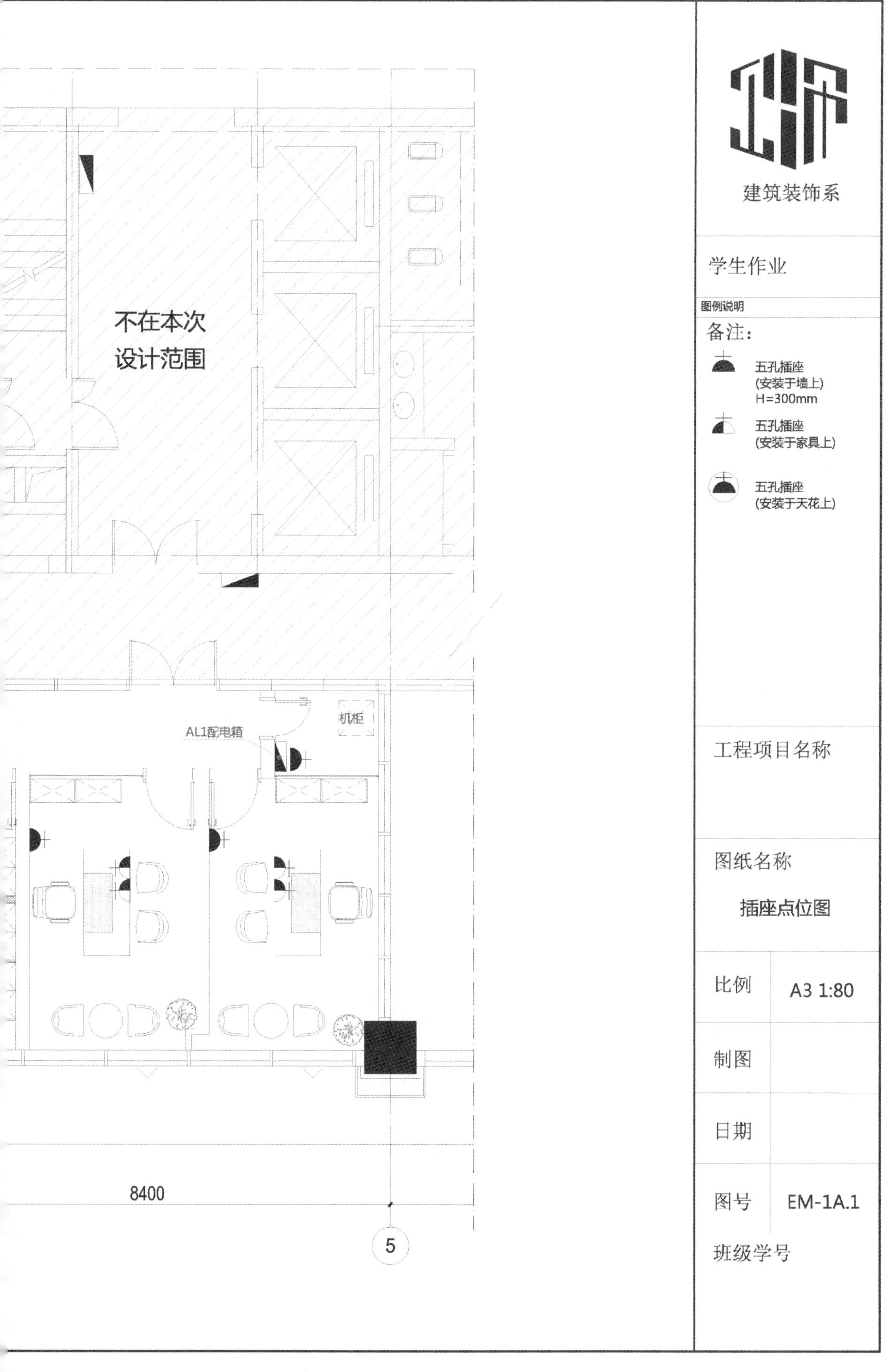

不在本次
设计范围
AL1配电箱
机柜
8400
5
建筑装饰系
学生作业
图例说明
备注：
五孔插座
(安装于墙上)
H=300mm
五孔插座
(安装于家具上)
五孔插座
(安装于天花上)
工程项目名称
图纸名称
插座点位图
比例
A3 1:80
制图
日期
图号
EM-1A.1
班级学号

图七

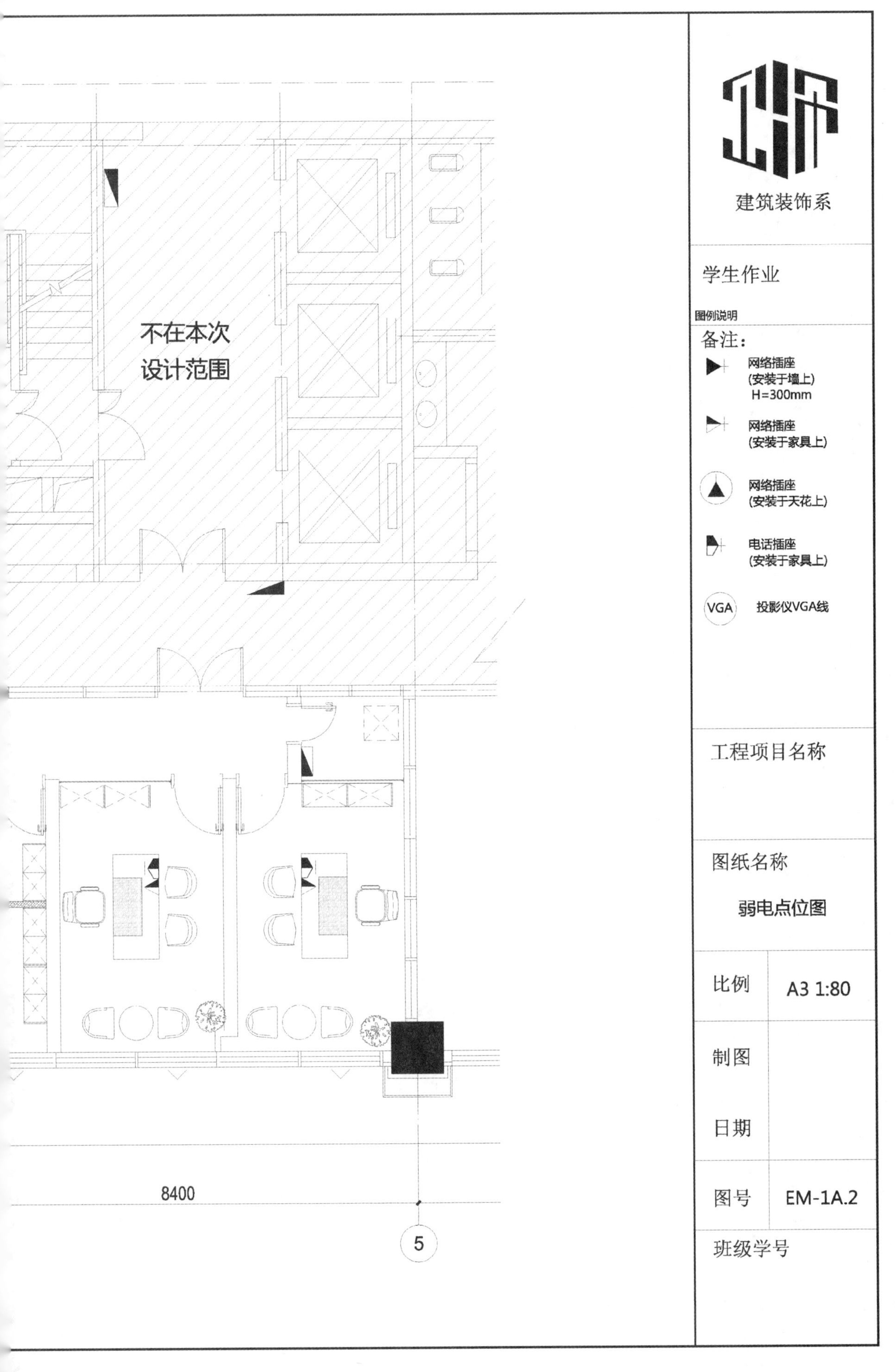

不在本次
设计范围
8400
5
建筑装饰系
学生作业
图例说明
备注：
网络插座
(安装于墙上)
H=300mm
网络插座
(安装于家具上)
网络插座
(安装于天花上)
电话插座
(安装于家具上)
VGA
投影仪VGA线
工程项目名称
图纸名称
弱电点位图
比例
A3 1:80
制图
日期
图号
EM-1A.2
班级学号

工图八

不在本次
设计范围
07
IE 1A.6
08
IE 1A.7
8400
5
建筑装饰系
学生作业
图例说明
备注：
EXIT
出口指示灯
单向疏散指示灯
双向疏散指示灯
工程项目名称
图纸名称
立面索引图
比例
A3 1:80
制图
日期
图号
RF-1A.1
班级学号

图九

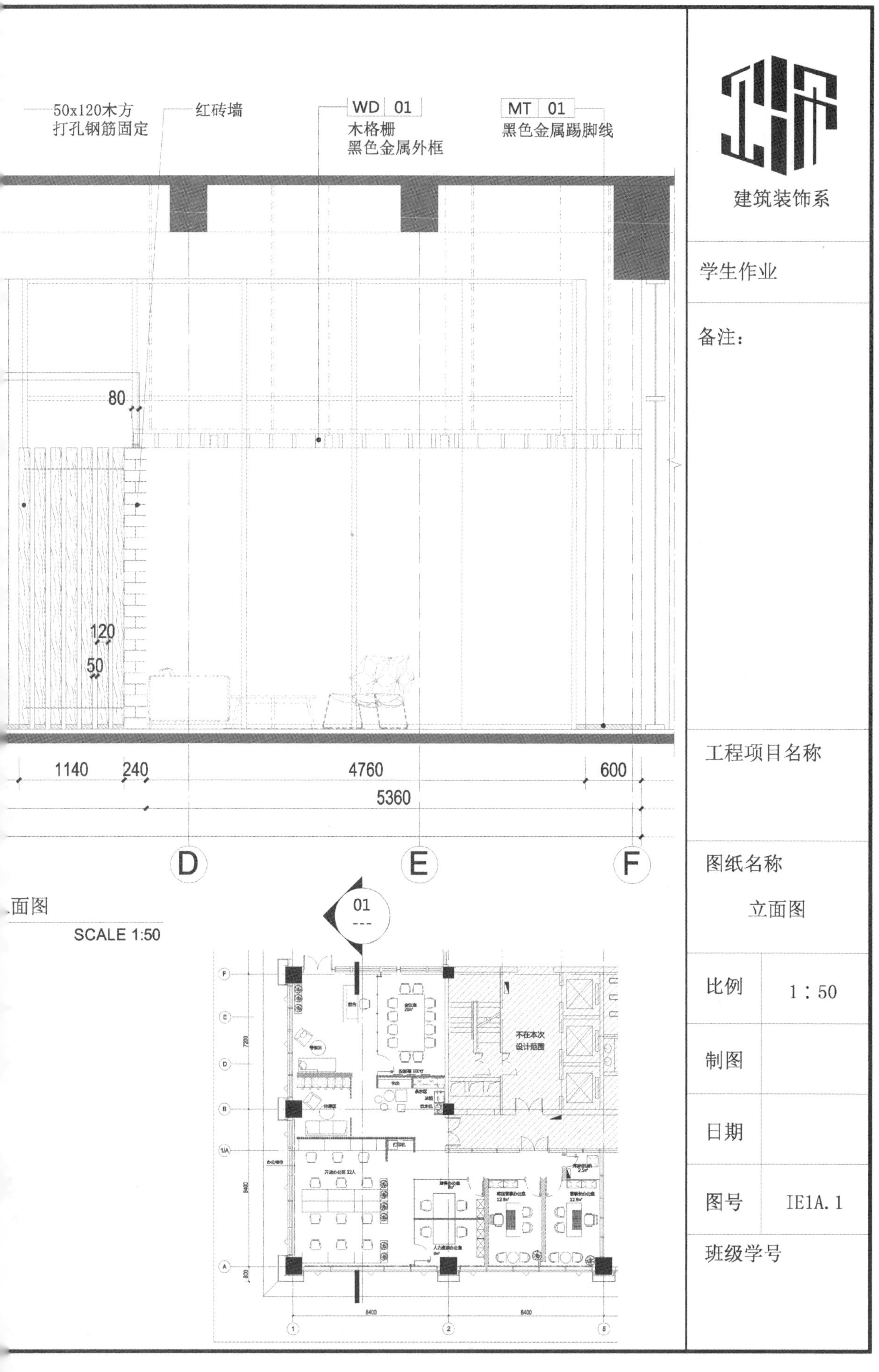
50x120木方
打孔钢筋固定
红砖墙
WD 01
木格栅
黑色金属外框
MT 01
黑色金属踢脚线
80
120
50
1140
240
4760
600
5360
D
E
F
立面图
SCALE 1:50
01
不在本次
设计范围
8400
8400
建筑装饰系
学生作业
备注：
工程项目名称
图纸名称
立面图
比例
1：50
制图
日期
图号
IE1A. 1
班级学号

图十

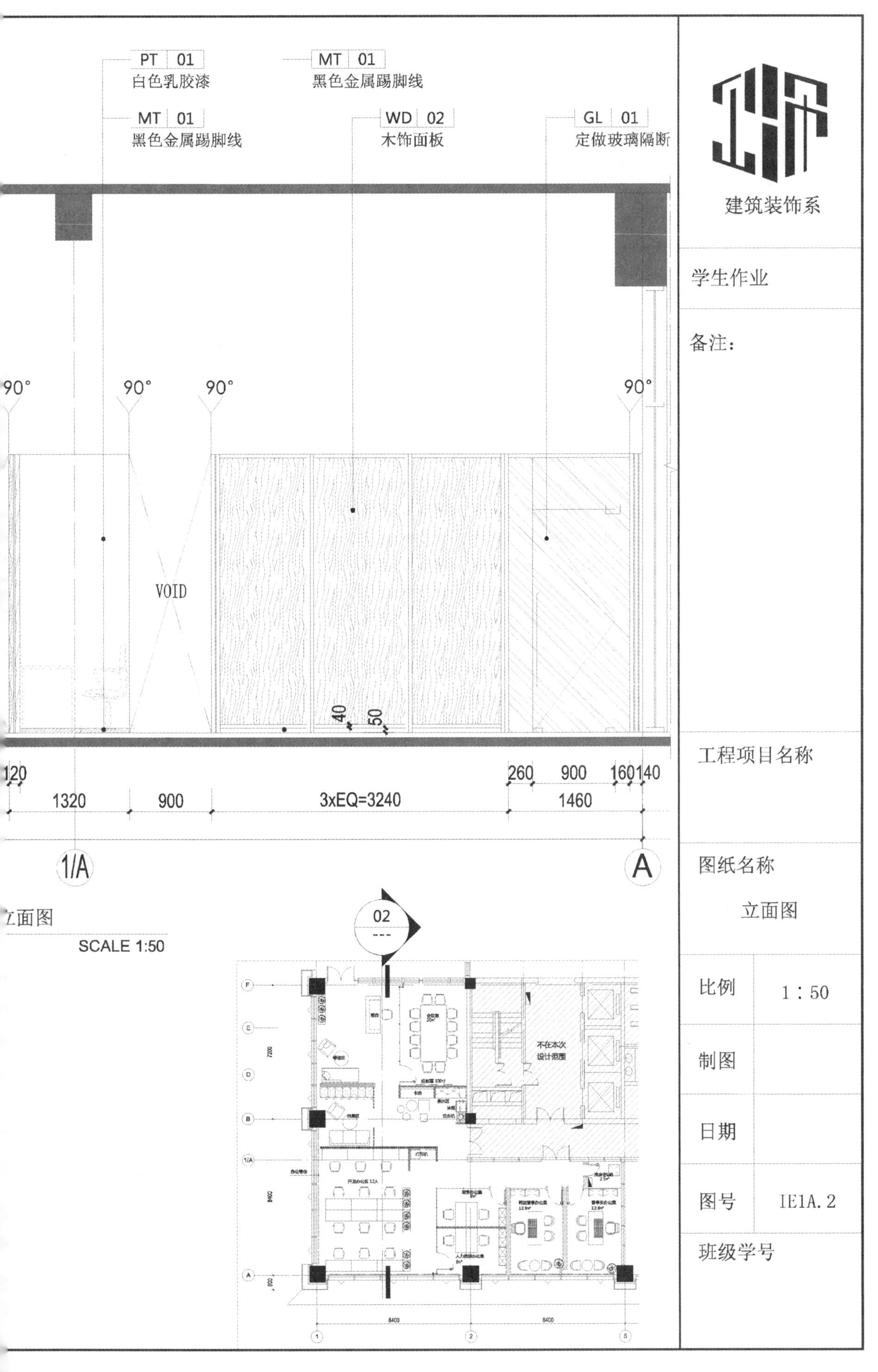
PT 01
白色乳胶漆
MT 01
黑色金属踢脚线
MT 01
黑色金属踢脚线
WD 02
木饰面板
GL 01
定做玻璃隔断
90°
90°
90°
90°
VOID
40
50
120
1320
900
3xEQ=3240
260
900
160
140
1460
1/A
A
立面图
SCALE 1:50
02
不在本次
设计范围
建筑装饰系
学生作业
备注：
工程项目名称
图纸名称
立面图
比例
1∶50
制图
日期
图号
IE1A.2
班级学号

图十一

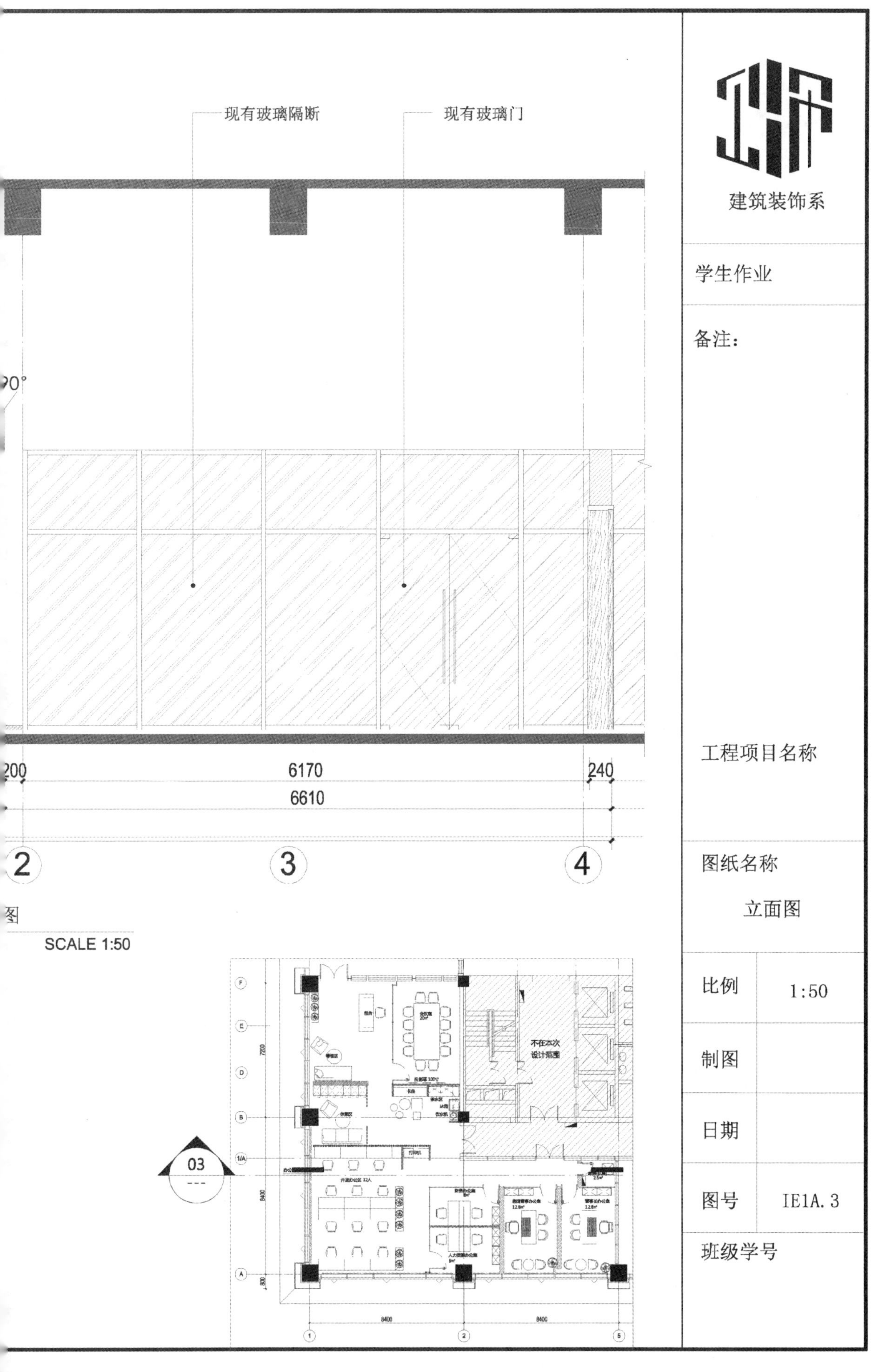
现有玻璃隔断
现有玻璃门
200
6170
240
6610
2
3
4
SCALE 1:50
不在本次设计范围
03
8400
8400
建筑装饰系
学生作业
备注：
工程项目名称
图纸名称
立面图
比例
1:50
制图
日期
图号
IE1A.3
班级学号

图十二

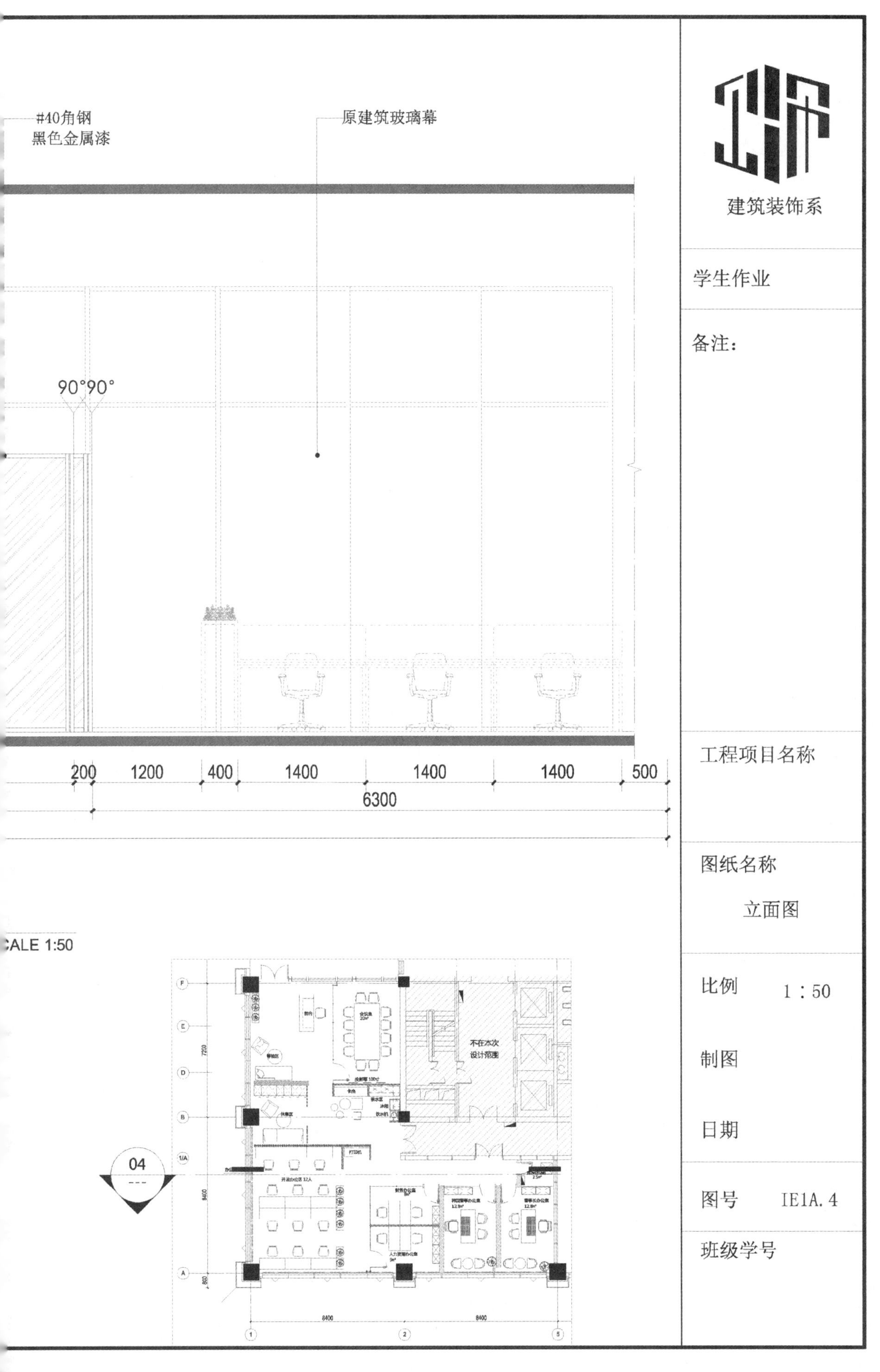

建筑装饰系

学生作业

备注：

工程项目名称

图纸名称

立面图

比例　1：50

制图

日期

图号　IE1A. 4

班级学号

图十三

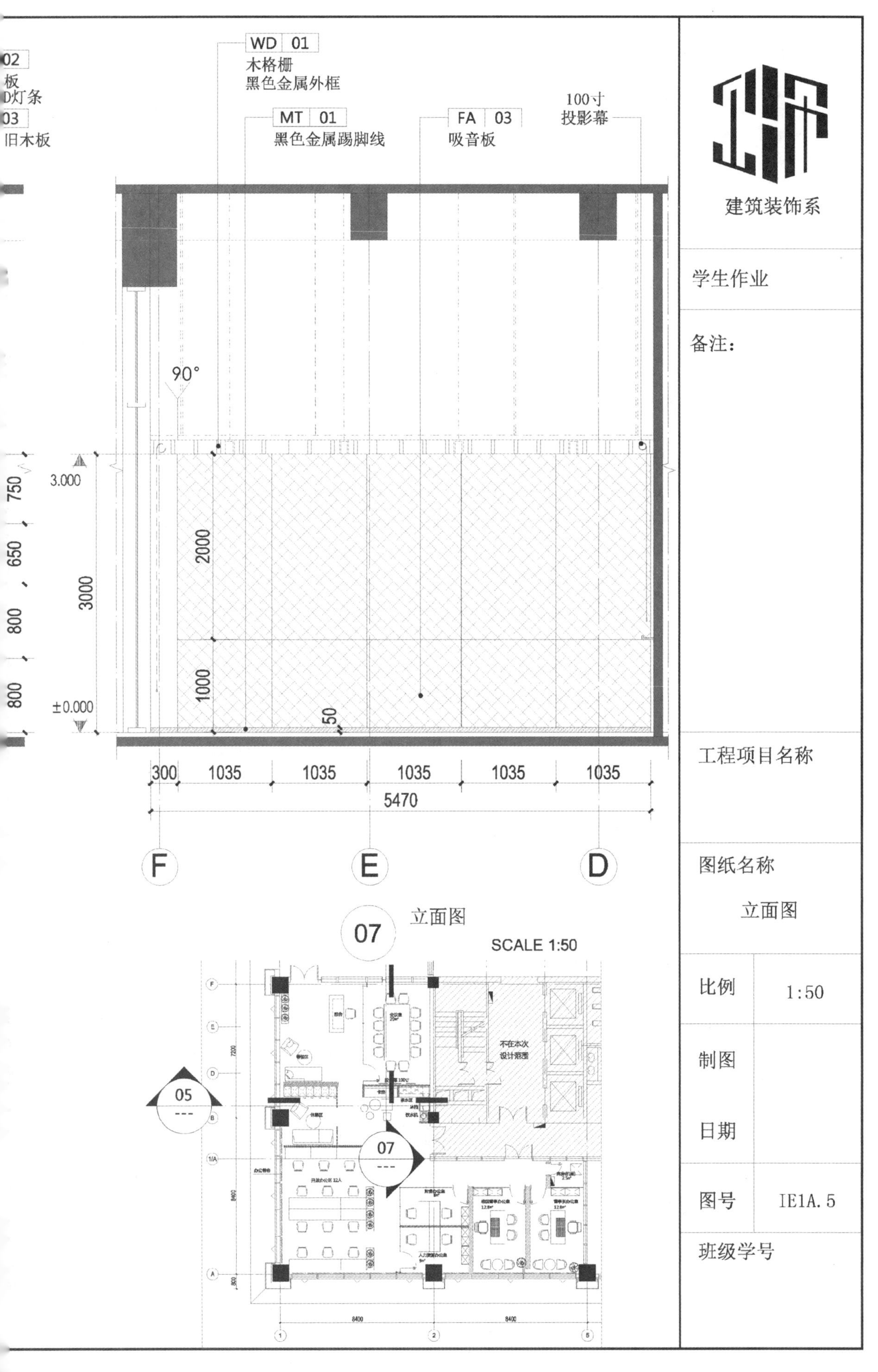

建筑装饰系

学生作业

备注：

工程项目名称

图纸名称

立面图

比例	1:50
制图	
日期	
图号	IE1A. 5
班级学号	

图十四

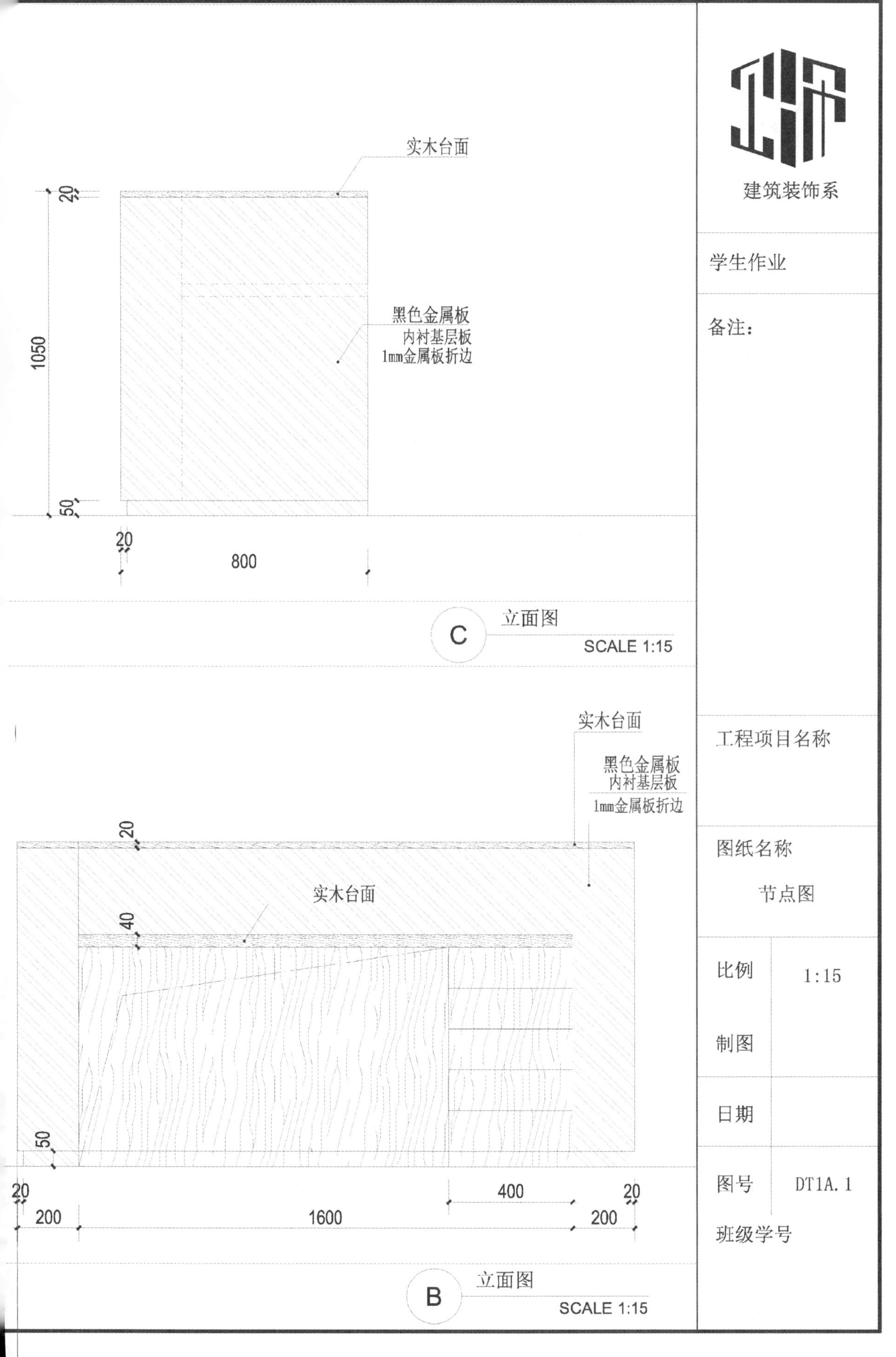
实木台面
20
1050
黑色金属板
内衬基层板
1mm金属板折边
50
20
800
C
立面图
SCALE 1:15
实木台面
黑色金属板
内衬基层板
1mm金属板折边
20
实木台面
40
50
20
400
20
200
1600
200
B
立面图
SCALE 1:15
建筑装饰系
学生作业
备注：
工程项目名称
图纸名称
节点图
比例
1:15
制图
日期
图号
DT1A. 1
班级学号

图十五

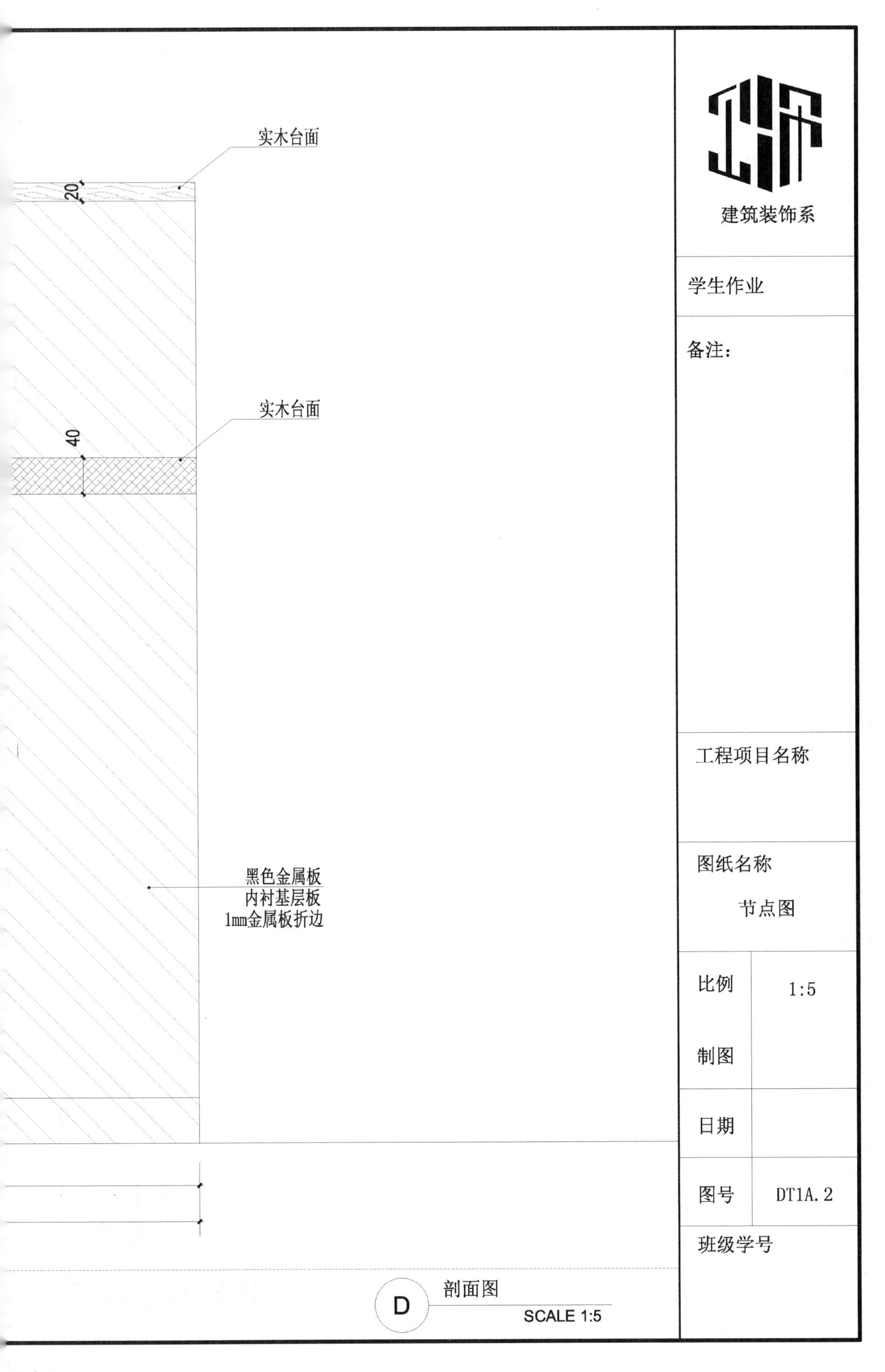

实木台面
20
实木台面
40
黑色金属板
内衬基层板
1mm金属板折边
建筑装饰系
学生作业
备注：
工程项目名称
图纸名称
节点图
比例
1:5
制图
日期
图号
DT1A.2
班级学号
D
剖面图
SCALE 1:5

图十六

ISBN 978-7-5680-4973-3
9 787568 049733 >
定价：49.00元

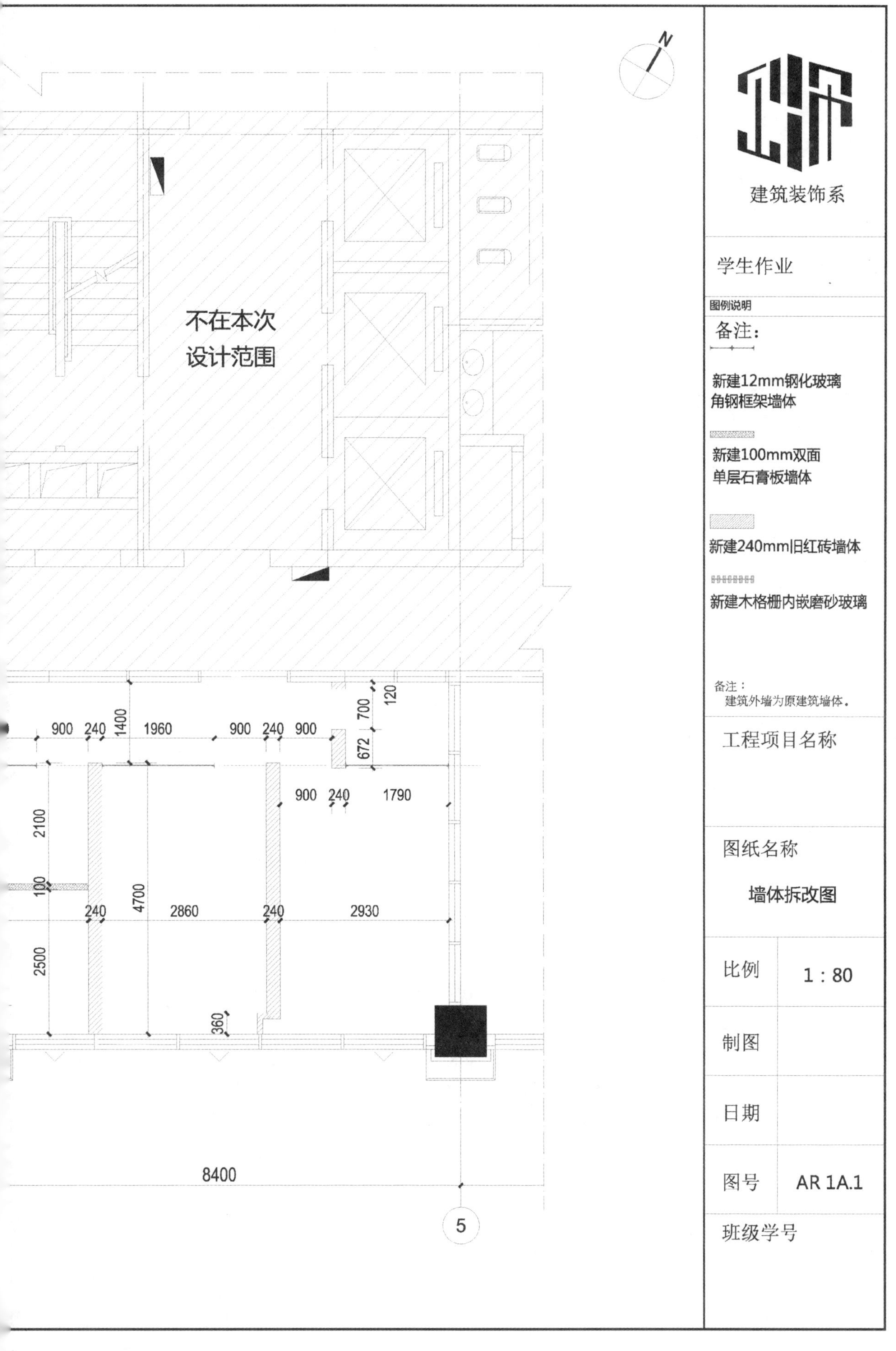

建筑装饰系

学生作业

图例说明

备注：

新建12mm钢化玻璃角钢框架墙体

新建100mm双面单层石膏板墙体

新建240mm旧红砖墙体

新建木格栅内嵌磨砂玻璃

备注：
建筑外墙为原建筑墙体。

工程项目名称	
图纸名称	墙体拆改图
比例	1 : 80
制图	
日期	
图号	AR 1A.1
班级学号	

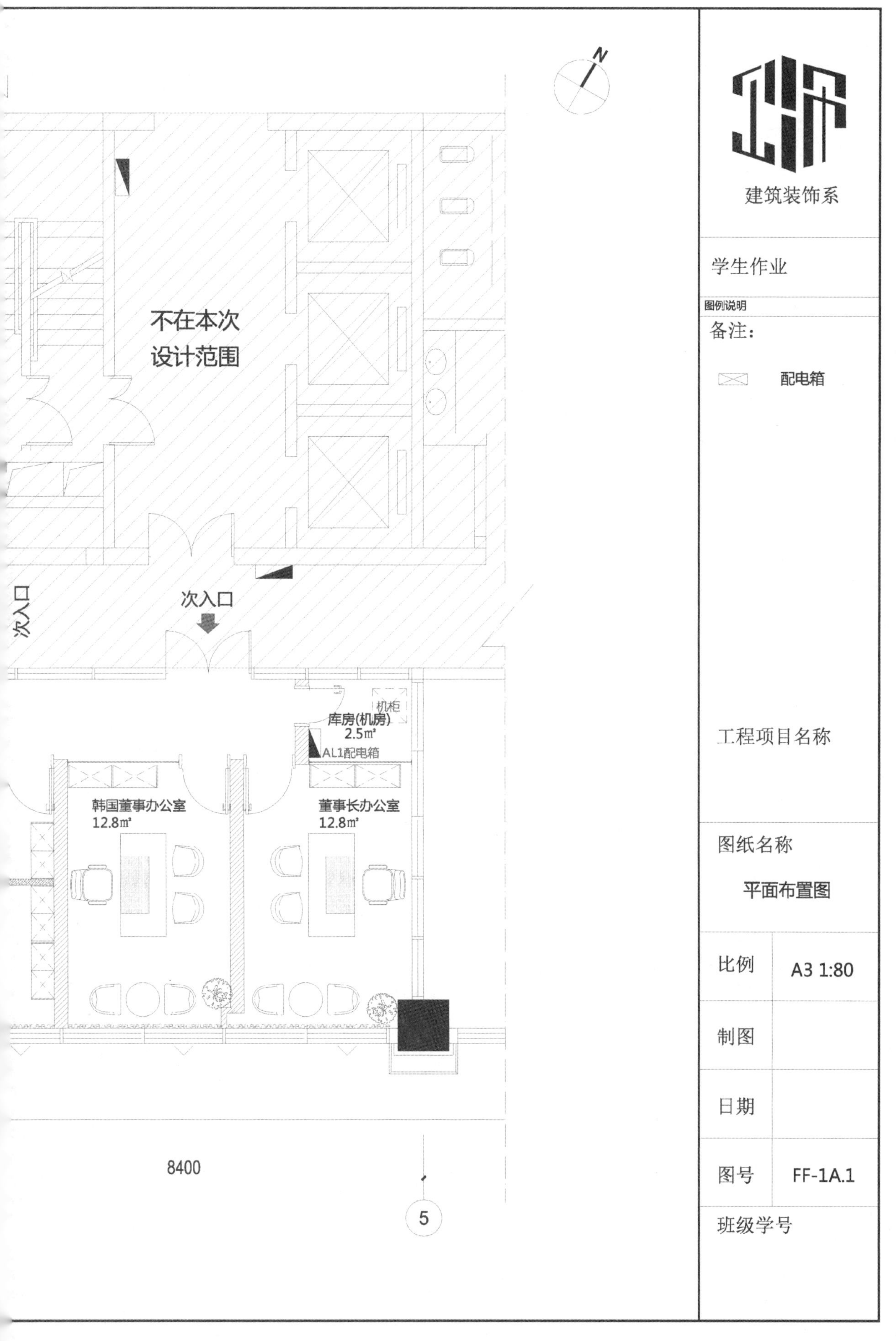
不在本次
设计范围
次入口
次入口
机柜
库房(机房)
2.5㎡
AL1配电箱
韩国董事办公室
12.8㎡
董事长办公室
12.8㎡
8400
5
建筑装饰系
学生作业
图例说明
备注：
配电箱
工程项目名称
图纸名称
平面布置图
比例
A3 1:80
制图
日期
图号
FF-1A.1
班级学号

工图二

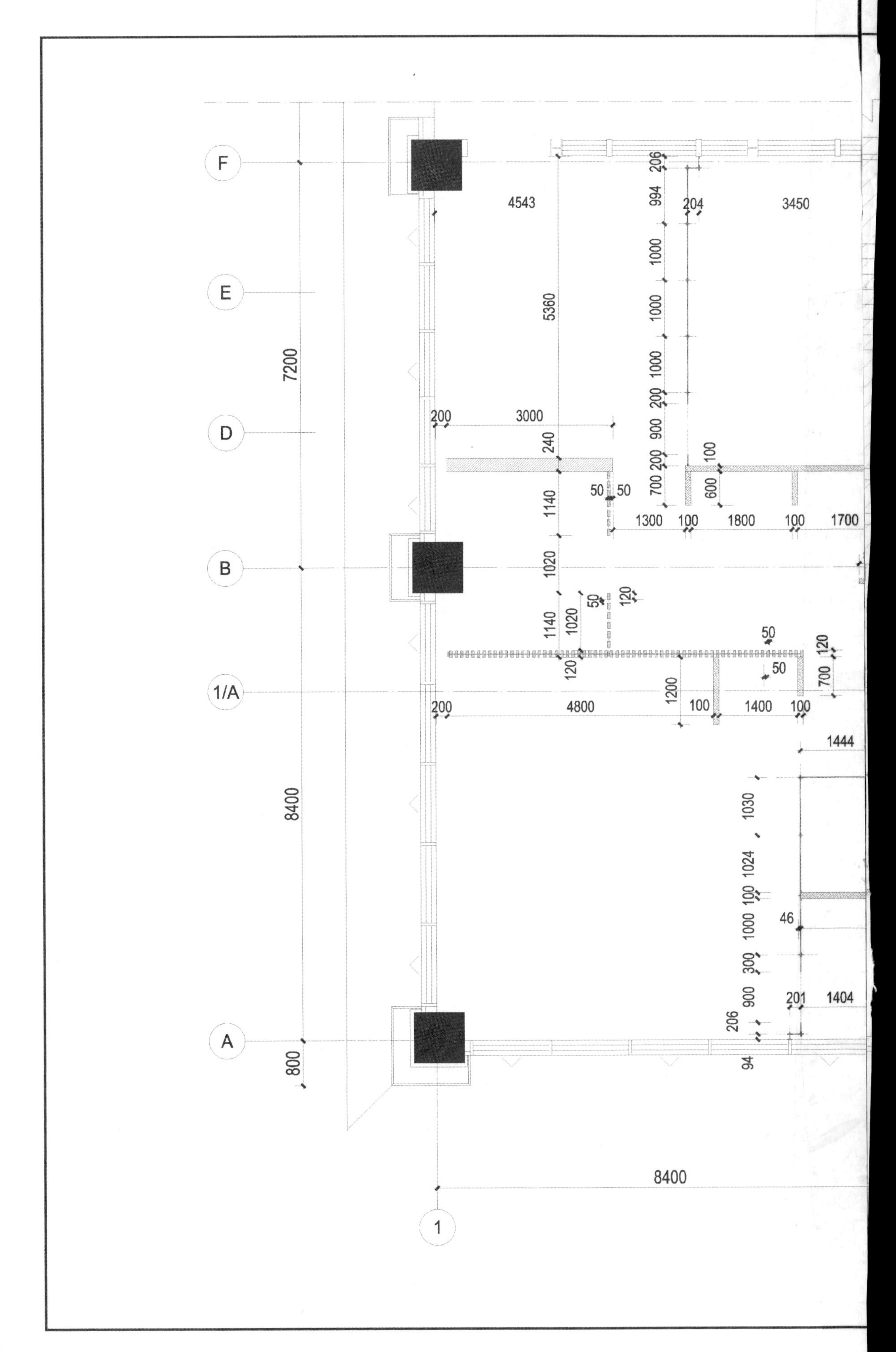

F
E
D
B
1/A
A
1
7200
8400
800
4543
5360
206
994
204
3450
1000
1000
1000
200
900
200
700
200
3000
240
100
600
50
50
1140
1300
100
1800
100
1700
1020
1140
1020
50
120
50
120
120
50
700
200
4800
1200
100
1400
100
1444
1030
1024
100
1000
46
300
900
201
1404
206
94
8400

图

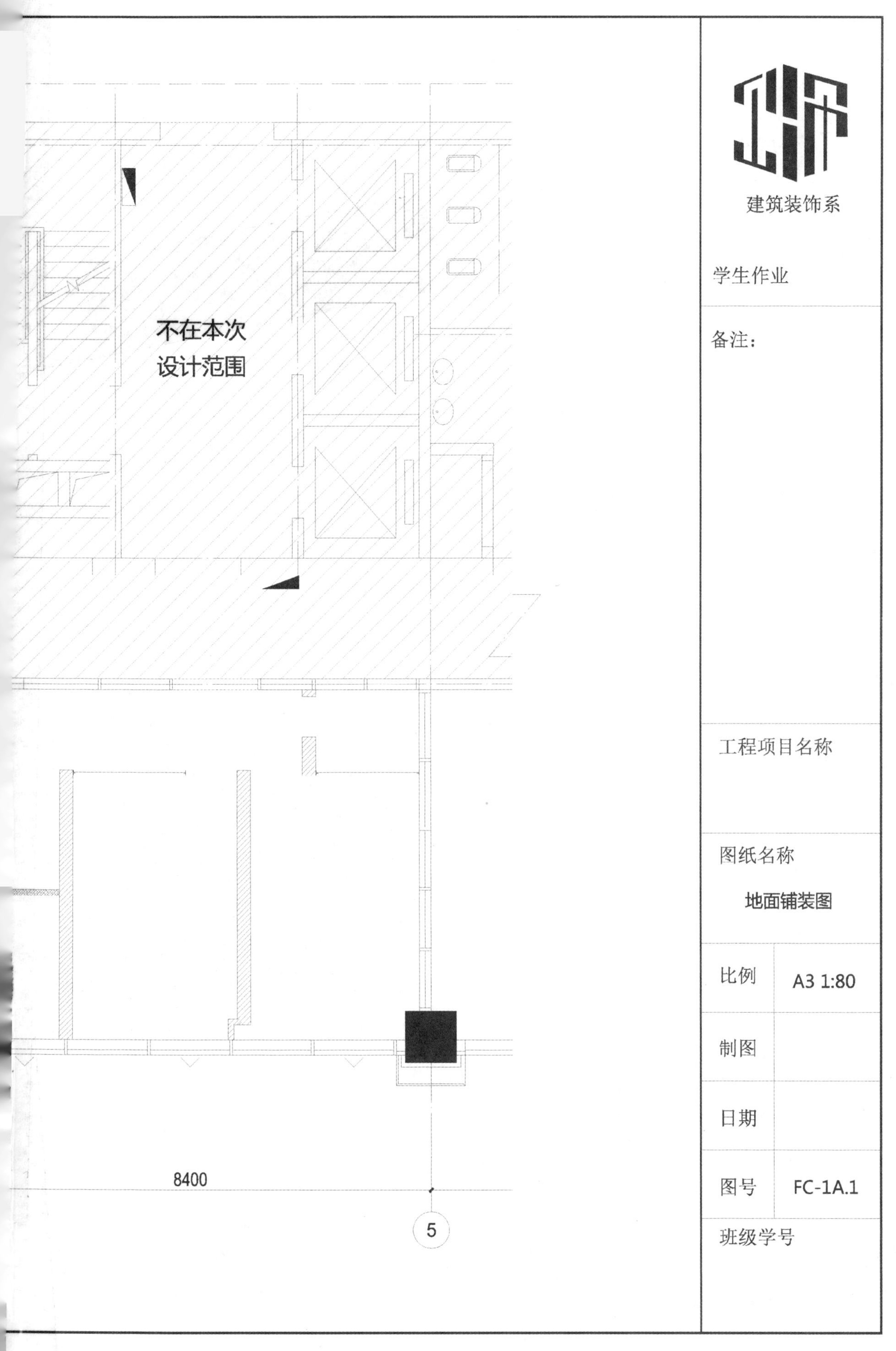
不在本次
设计范围
8400
5
建筑装饰系
学生作业
备注：
工程项目名称
图纸名称
地面铺装图
比例
A3 1:80
制图
日期
图号
FC-1A.1
班级学号

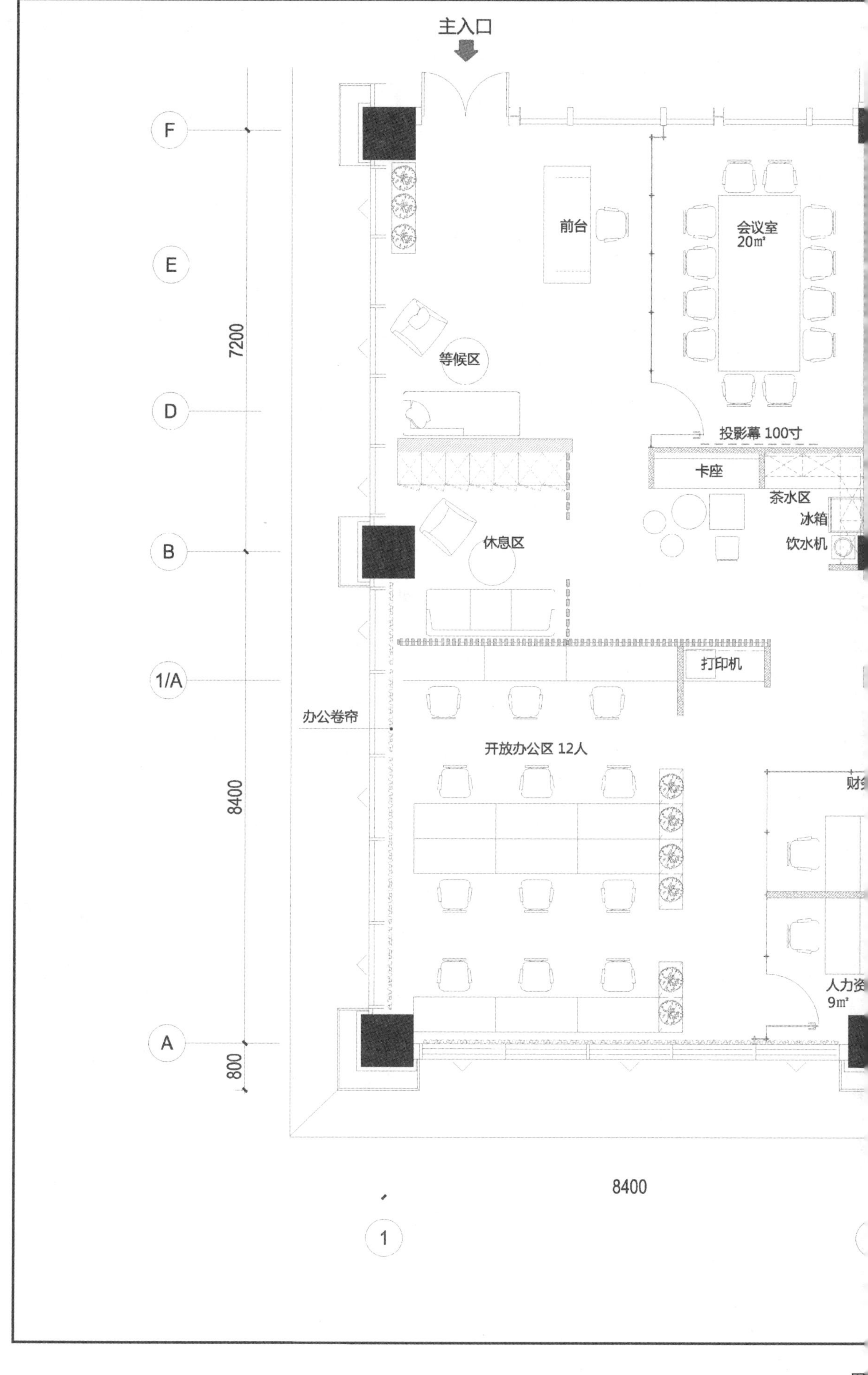

主入口
F
E
D
B
1/A
A
7200
8400
800
前台
会议室
20㎡
等候区
投影幕 100寸
卡座
茶水区
冰箱
饮水机
休息区
打印机
办公卷帘
开放办公区 12人
人力资
9㎡
8400
1

图

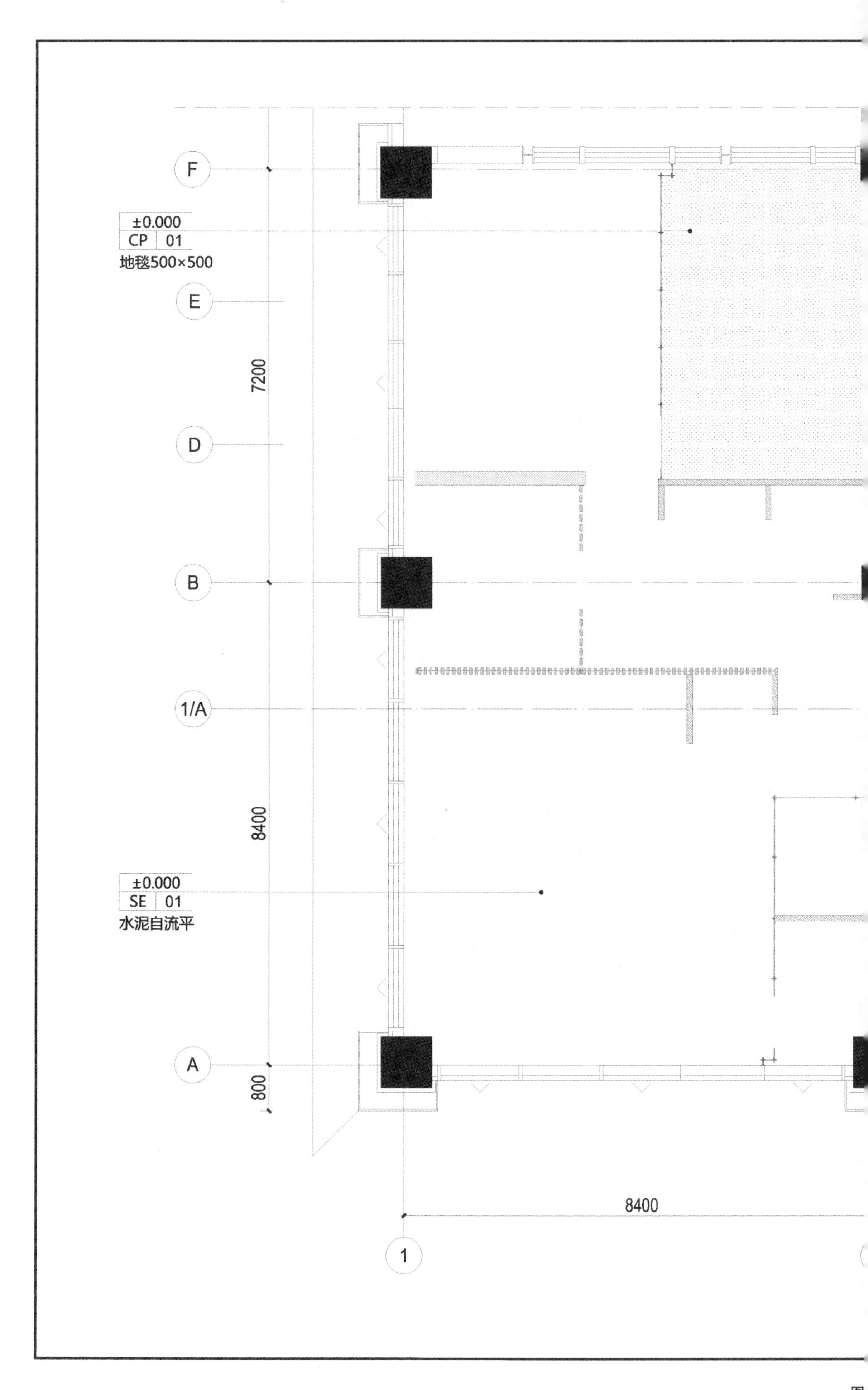
F
±0.000
CP 01
地毯500×500
E
7200
D
B
1/A
8400
±0.000
SE 01
水泥自流平
A
800
8400
1

图

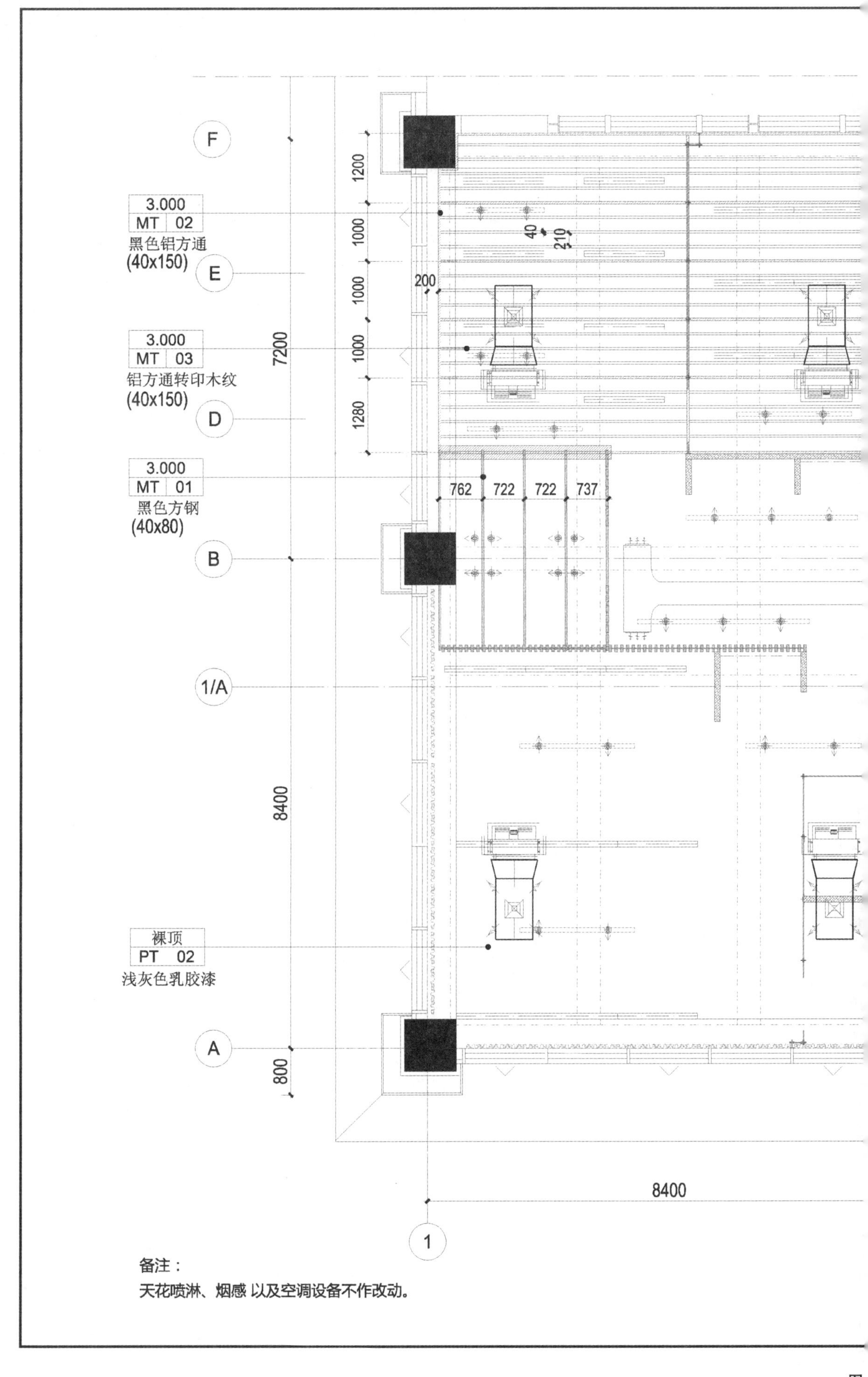

备注：

天花喷淋、烟感 以及空调设备不作改动。

图

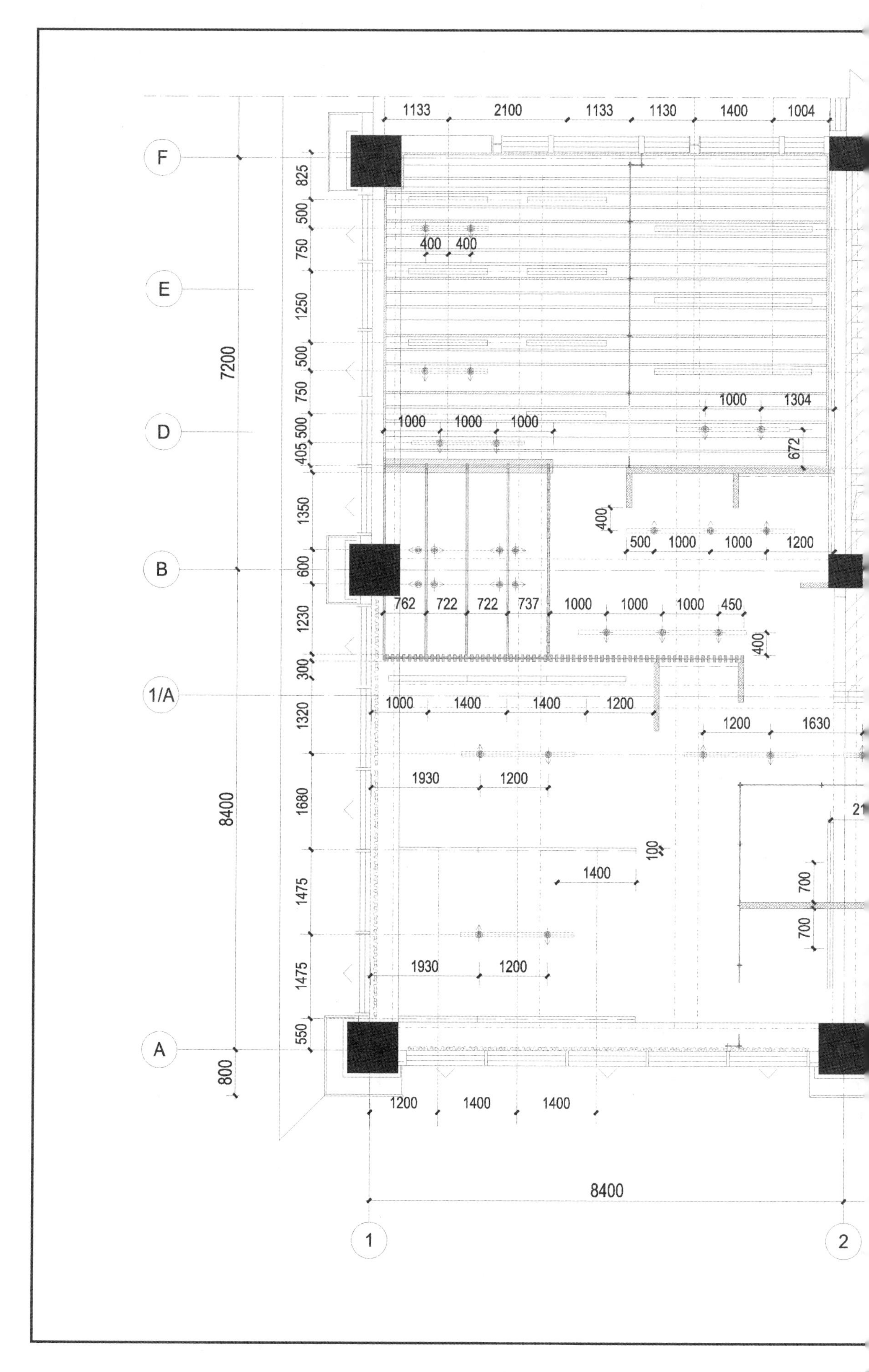

1133
2100
1133
1130
1400
1004
F
E
D
B
1/A
A
1
2
7200
8400
8400
800
825
500
750
1250
500
750
500
405
1350
600
1230
300
1320
1680
1475
1475
550
400 400
1000 1304
1000 1000 1000
672
400
500 1000 1000 1200
762 722 722 737 1000 1000 1000 450
400
1000 1400 1400 1200
1200 1630
1930 1200
100
1400
700
700
1930 1200
1200 1400 1400

图

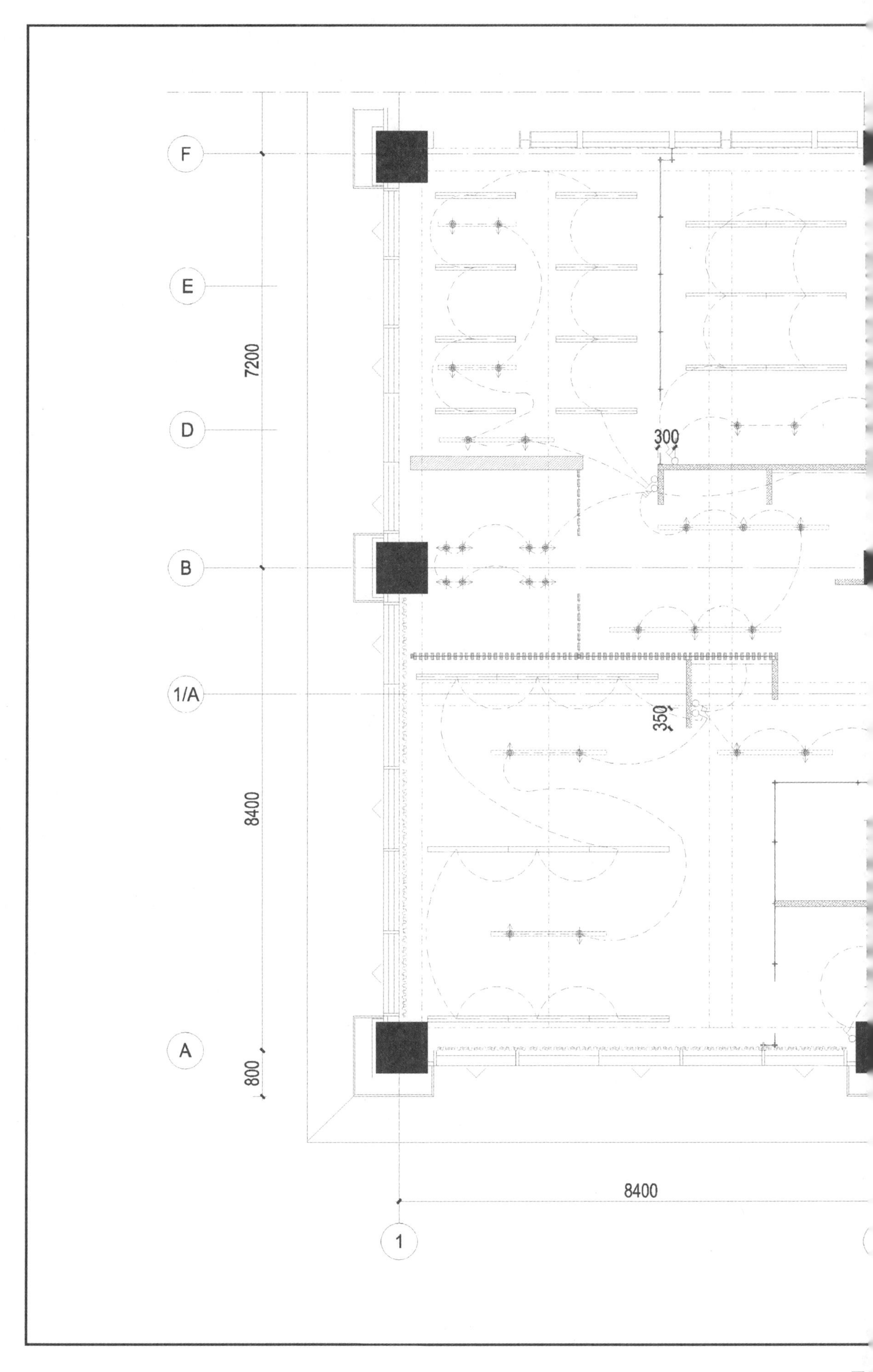

图

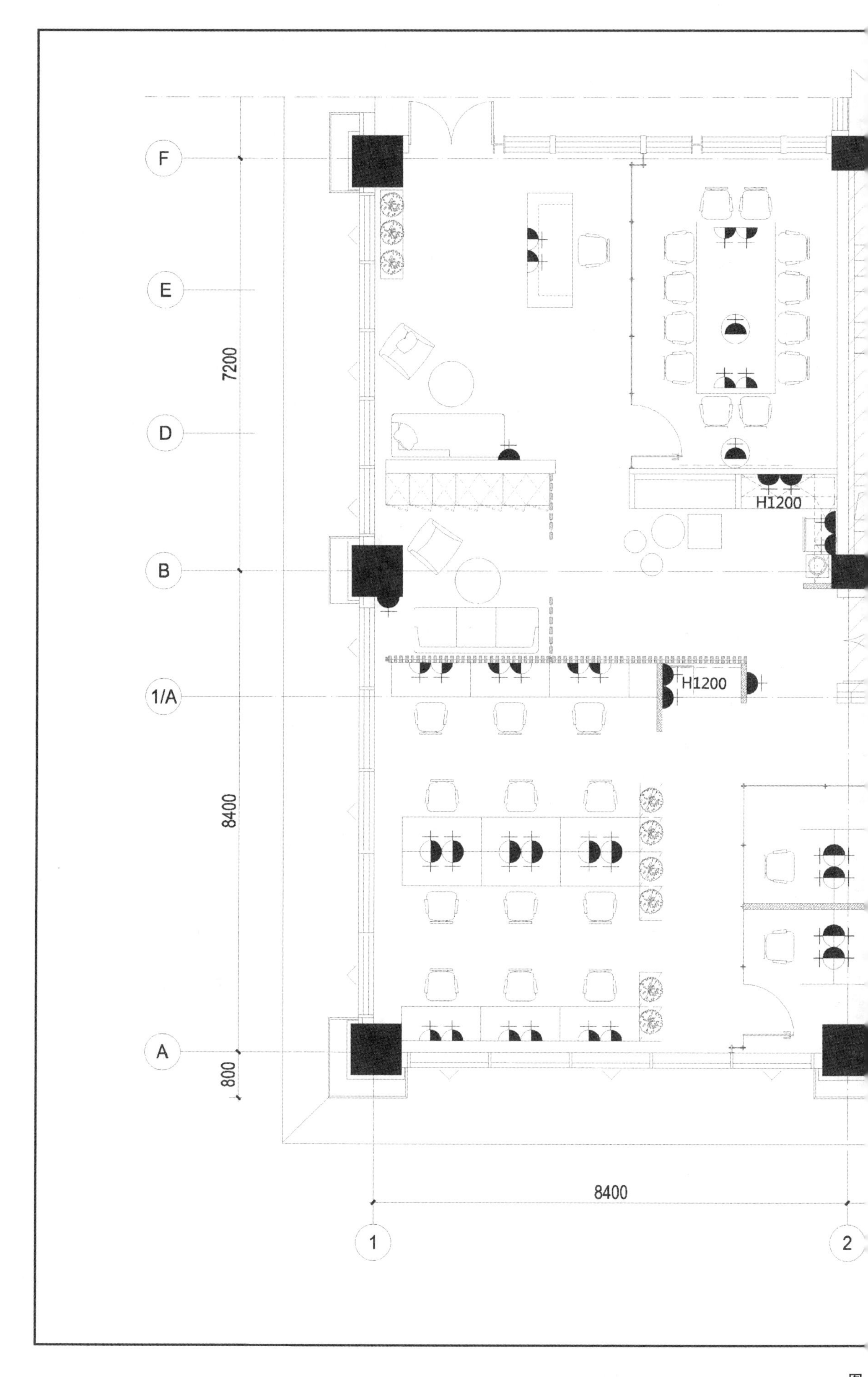

图

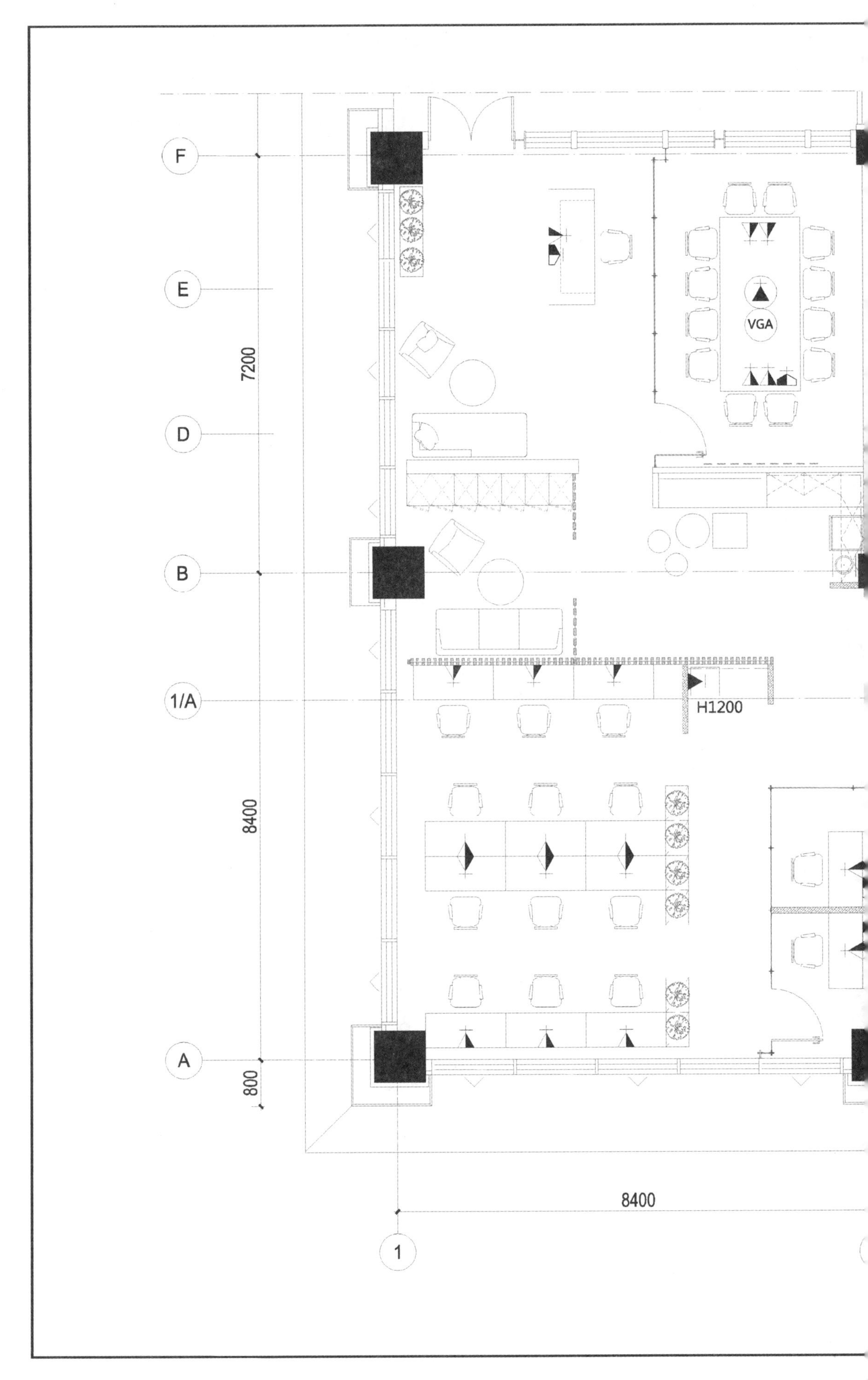
F
E
7200
D
B
1/A
H1200
8400
A
800
VGA
8400
1

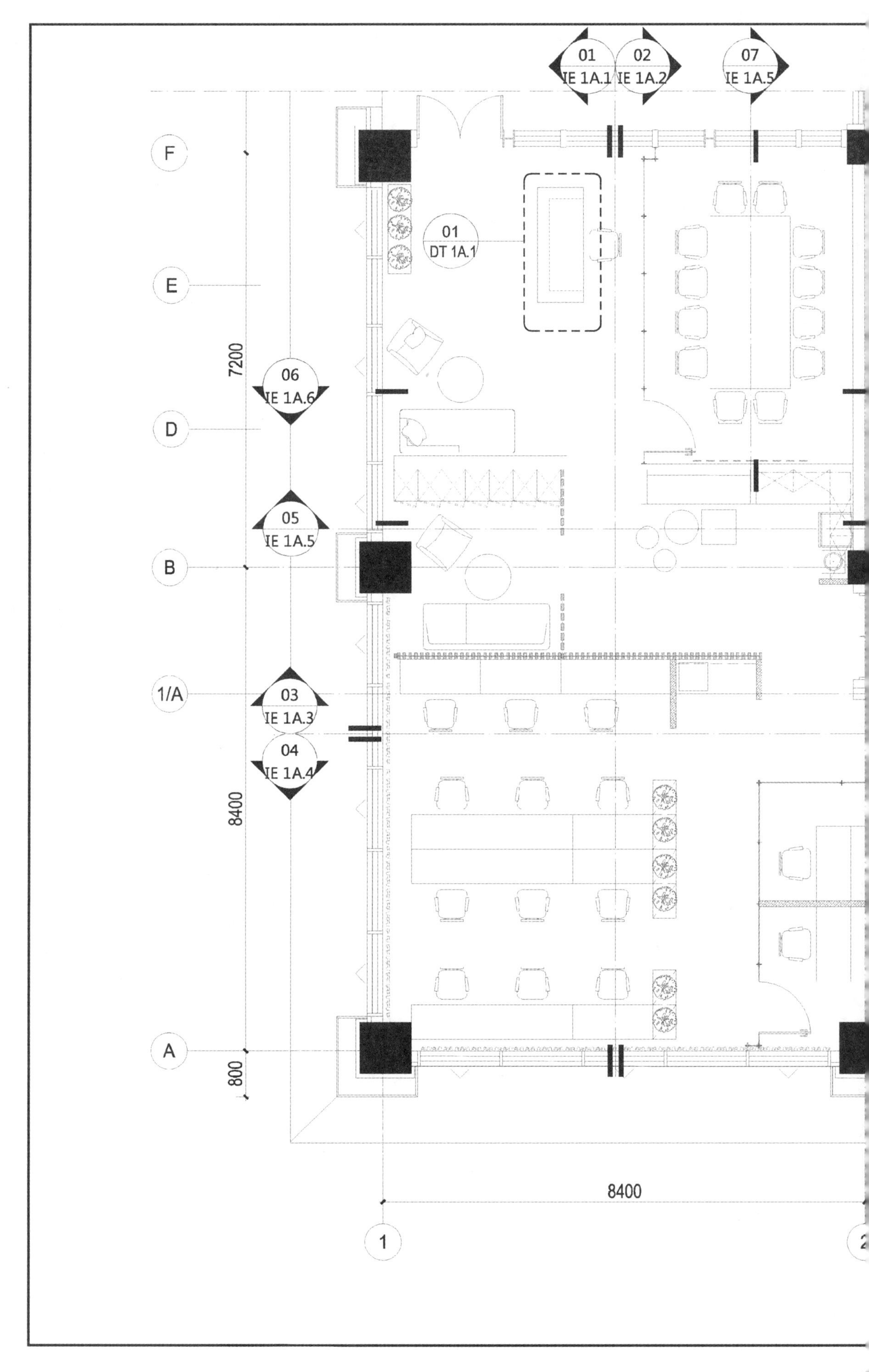
01
IE 1A.1
02
IE 1A.2
07
IE 1A.5
F
01
DT 1A.1
E
7200
06
IE 1A.6
D
05
IE 1A.5
B
1/A
03
IE 1A.3
04
IE 1A.4
8400
A
800
8400
1

图

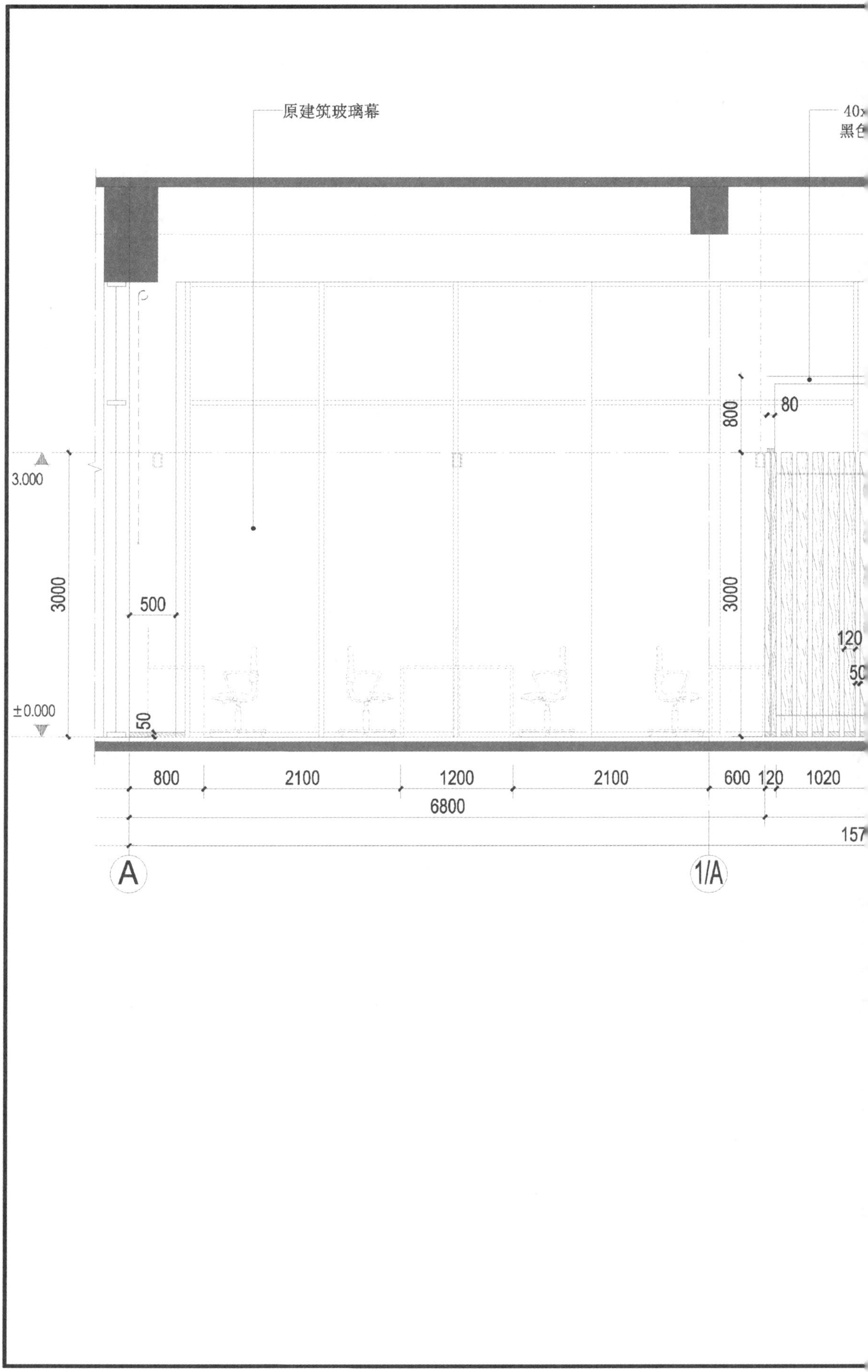

原建筑玻璃幕

40×
黑色

3.000
3000
500
±0.000
50
800
80
3000
120
50

800 2100 1200 2100 600 120 1020
6800
157

A
1/A

图

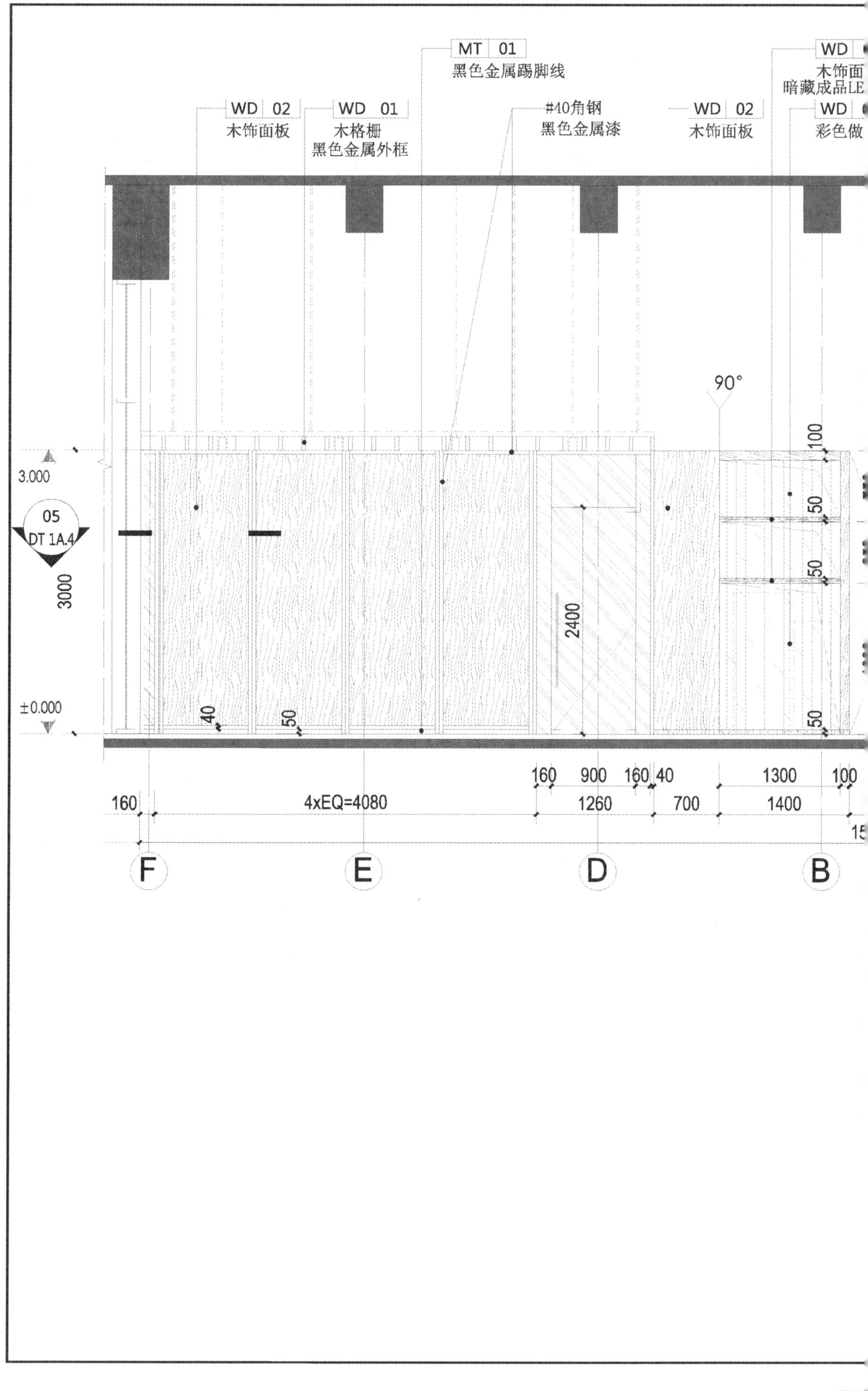

MT 01
黑色金属踢脚线
WD 02
木饰面板
WD 01
木格栅
黑色金属外框
#40角钢
黑色金属漆
WD 02
木饰面板
90°
3.000
05
DT 1A.4
3000
2400
±0.000
40
50
100
160
900
160
40
1300
100
160
4xEQ=4080
1260
700
1400
F
E
D
B

图附

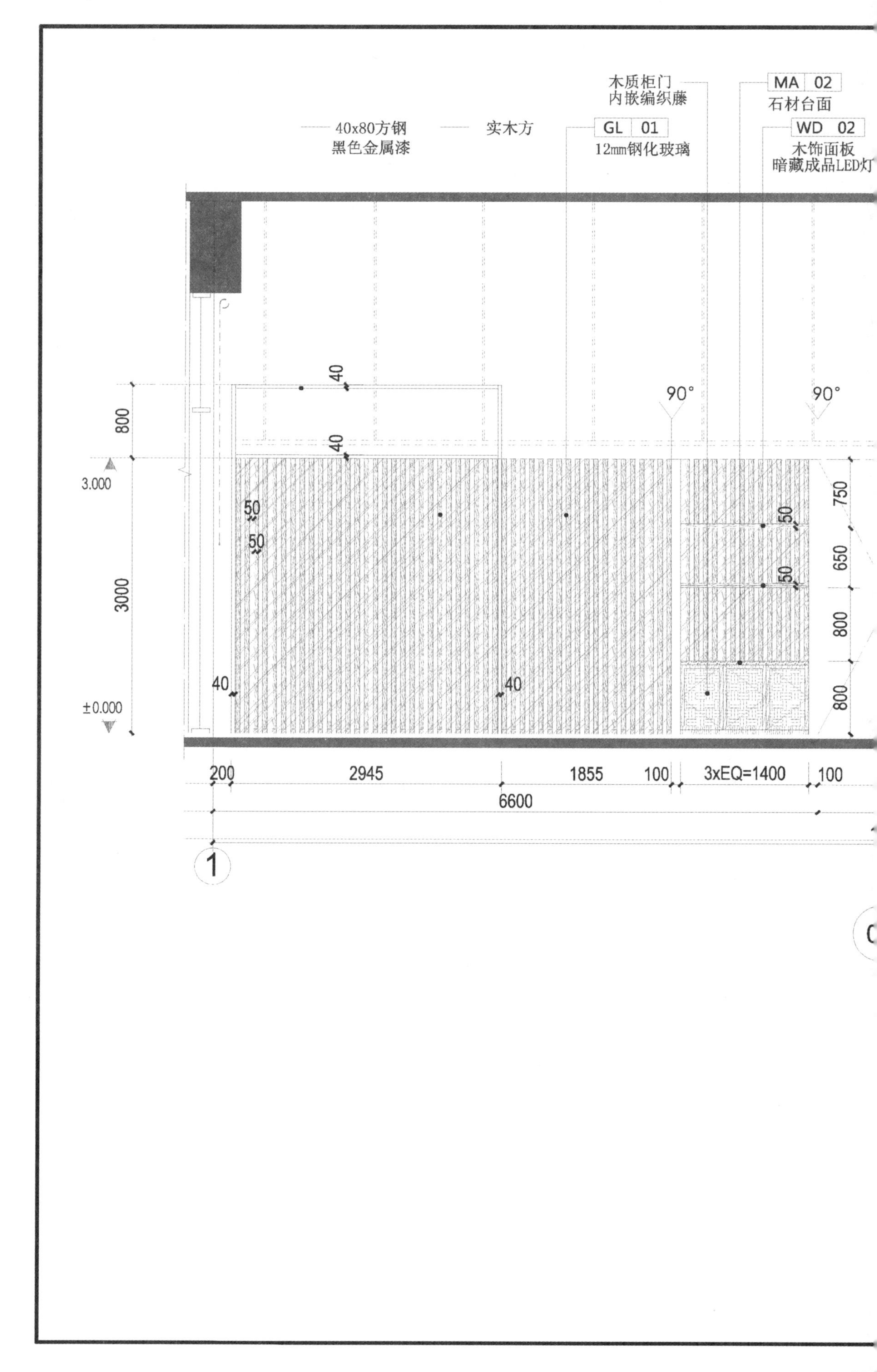
木质柜门
内嵌编织藤
MA 02
石材台面
40x80方钢
黑色金属漆
实木方
GL 01
12mm钢化玻璃
WD 02
木饰面板
暗藏成品LED灯
90°
90°
40
40
800
3.000
3000
±0.000
50
50
40
40
750
650
800
800
200
2945
1855
100
3xEQ=1400
100
6600
1

图阝

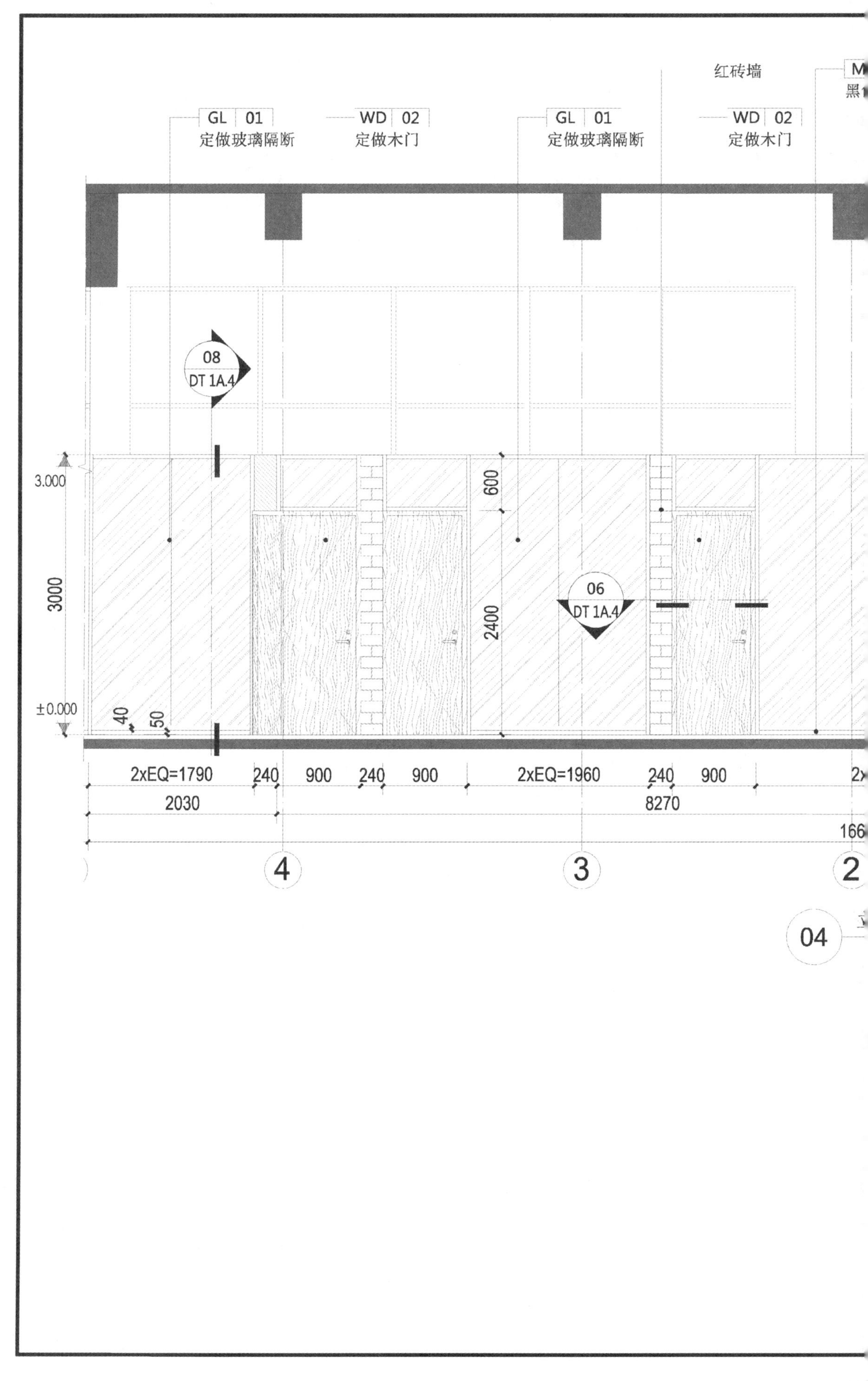
红砖墙
GL 01
定做玻璃隔断
WD 02
定做木门
GL 01
定做玻璃隔断
WD 02
定做木门
08
DT 1A.4
06
DT 1A.4
3.000
3000
±0.000
40
50
600
2400
2xEQ=1790
240
900
240
900
2xEQ=1960
240
900
2030
8270
4
3
2
04

图

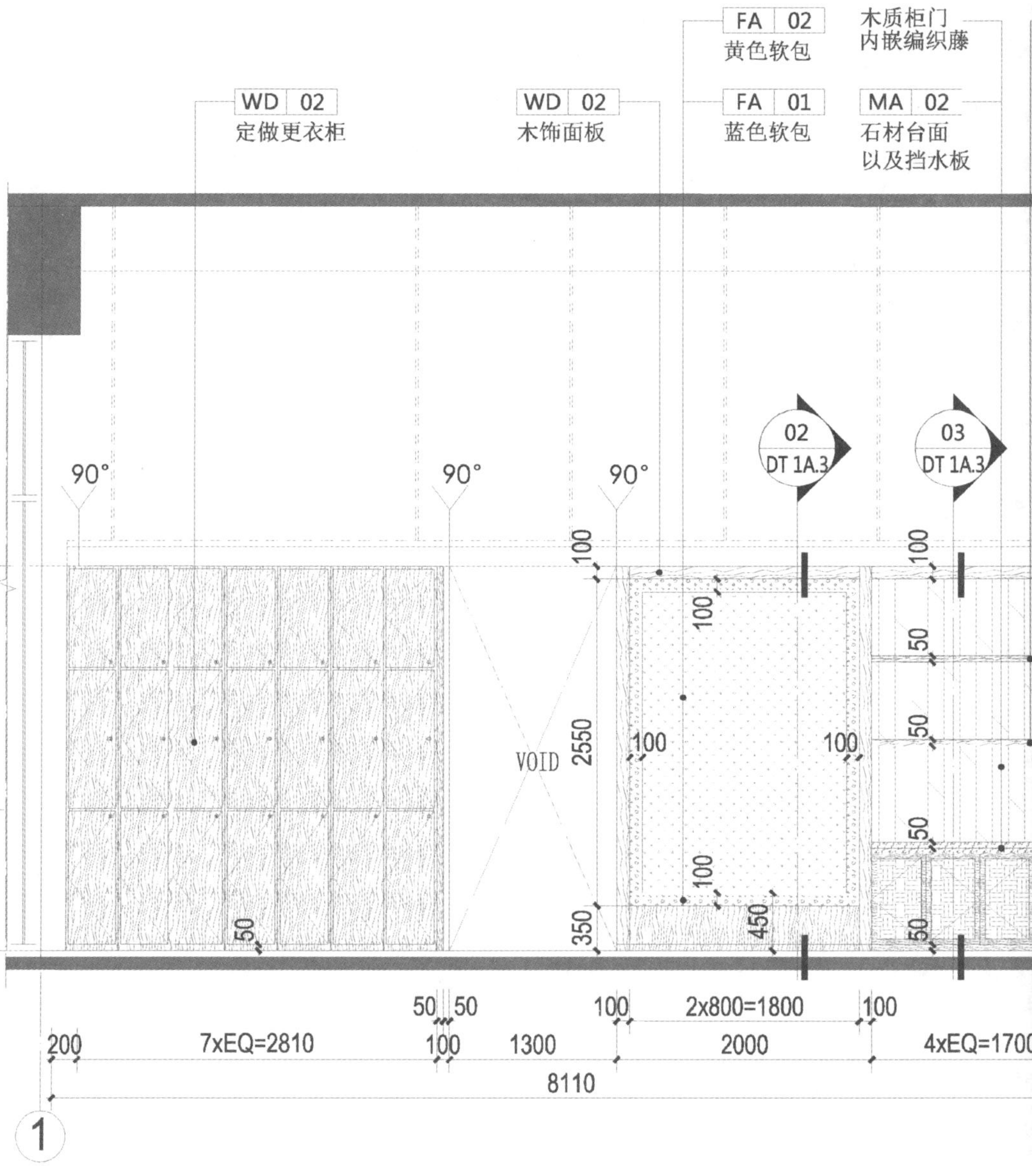

WD 02 定做更衣柜

WD 02 木饰面板

FA 02 黄色软包

FA 01 蓝色软包

木质柜门 内嵌编织藤

MA 02 石材台面 以及挡水板

90° 90° 90°

02 DT 1A.3

03 DT 1A.3

3.000

±0.000

3000 800 1100 1100

VOID 2550 350 100 100 100 100 450 50 50 50 50 50 100

50 50 100 2x800=1800 100

200 7xEQ=2810 100 1300 2000 4xEQ=1700

8110

1

05 立面图

SCALE 1:50

图阝

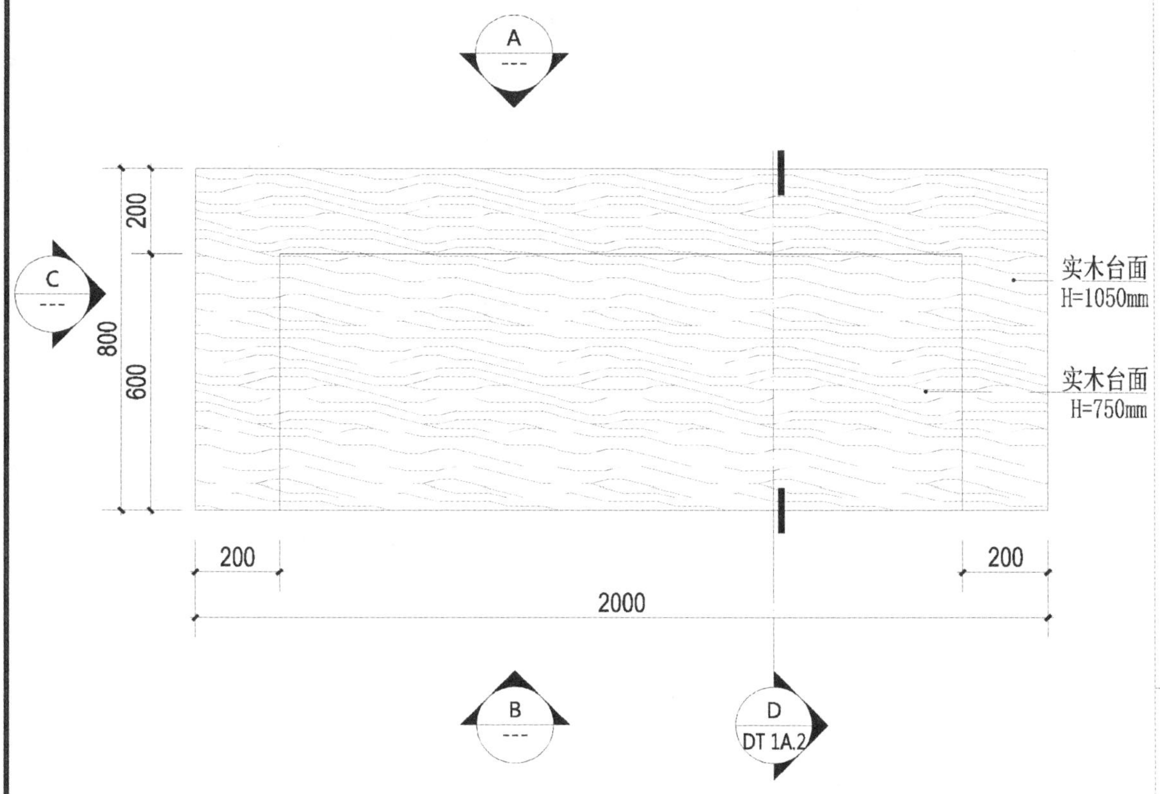

A
C
200
800
600
实木台面
H=1050mm
实木台面
H=750mm
200
200
2000
B
D
DT 1A.2
01
立面图
SCALE 1:15 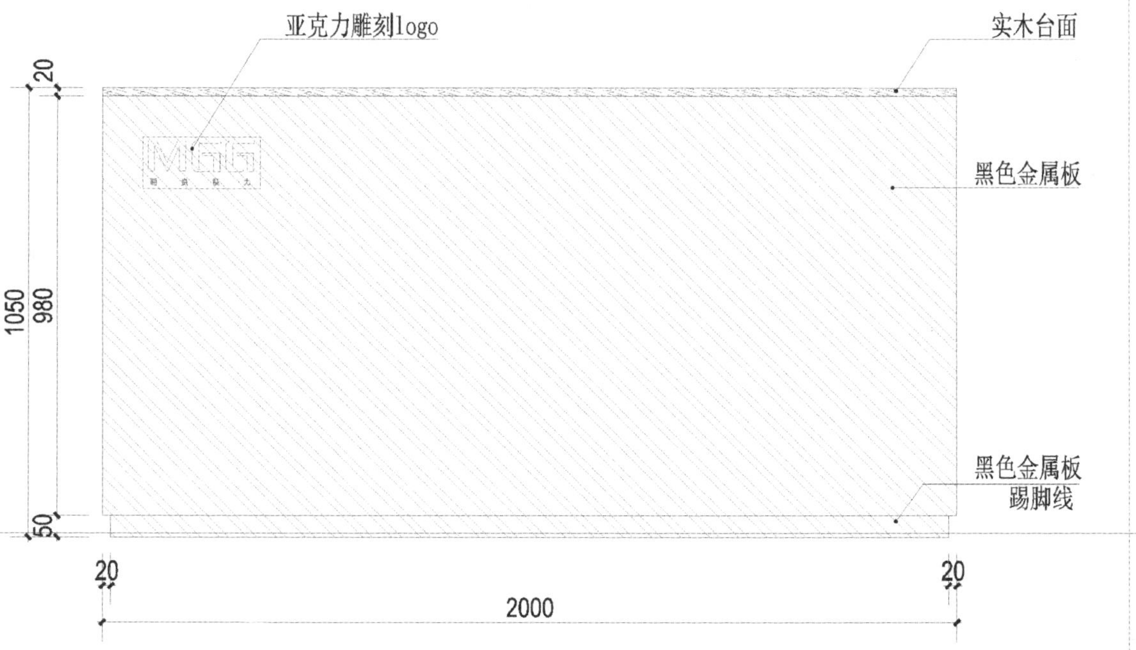
亚克力雕刻logo
实木台面
20
1050
980
黑色金属板
黑色金属板
踢脚线
50
20
20
2000
A
立面图
SCALE 1:15

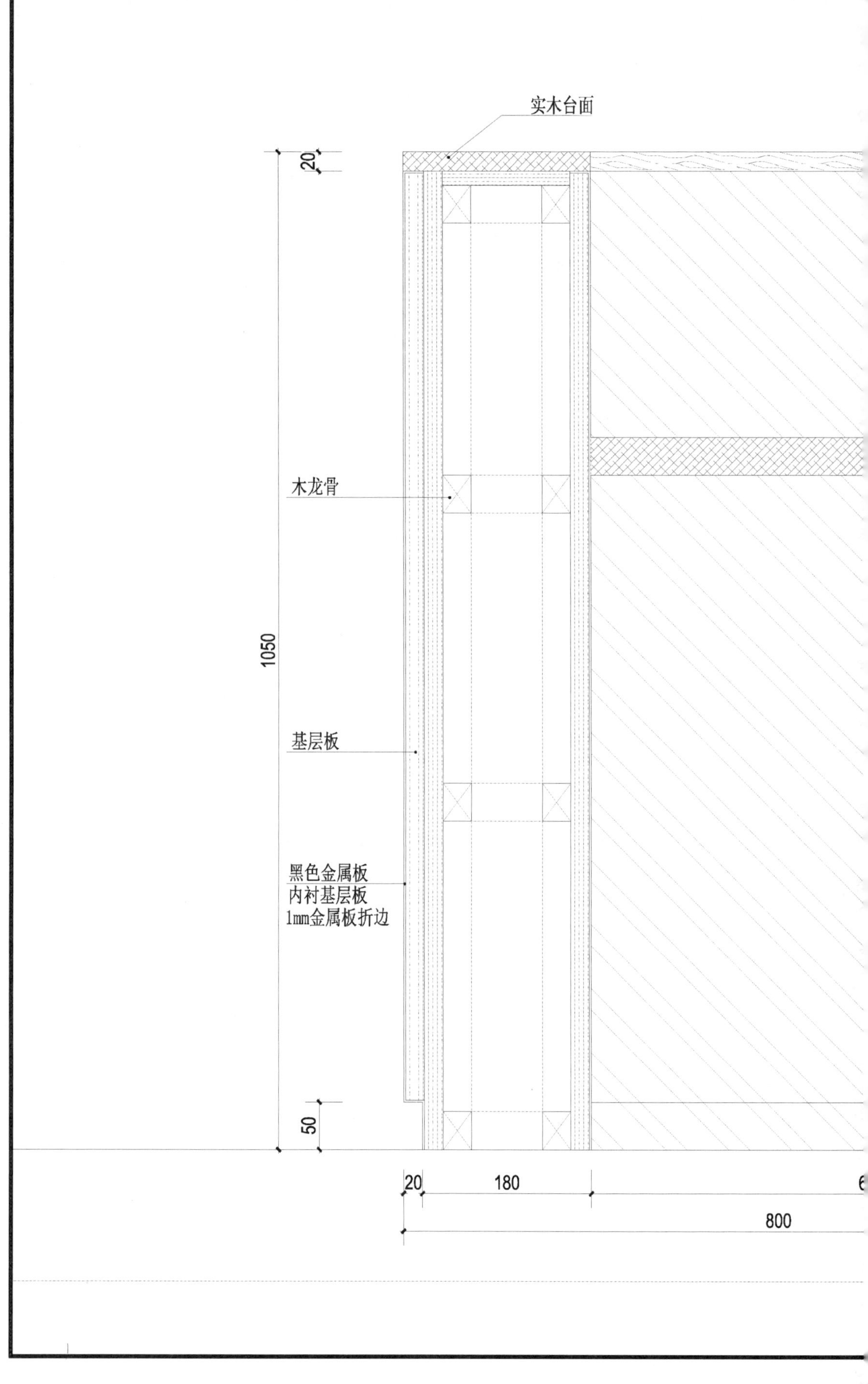

图